よくわかる！グラフ理論入門

小林みどり 著

共立出版

まえがき

　近年，グラフ理論は，工学，化学，コンピュータ科学などの理工系分野以外に，経済学，経営学，社会学などの文科系といわれる分野にも応用されるようになってきました．グラフ理論の本は多数出版されていますが，それらの本は理工系学生を対象としているものが多く，文科系の学生を含む一般の学生にとって読みやすい本は少ないようです．

　本書は，理工系学生に限らず，すべての分野の学生が読んで分かることを目指して書かれた本です．グラフの例や応用を多く載せて，直感的に分かってもらえるように書きました．

　大学での勉強は，知識を得ることよりも考える力を養ったり学び方を学ぶことの方が大切です．その方が一生役に立つからです．この本を読むときも，定理などを暗記するのではなく，考えながら読んでほしいと思います．そうすることで少しずつ力がついてくると思います．

　この本を理解するための予備知識は特に必要ありません．高校1年までの数学の知識（の一部）で読むことができます．この本を手にされた方が，どこかの章に多少でも興味を持っていただけたらうれしく思います．

　本書は「あたらしいグラフ理論」（旧牧野書店）の再版です．再版にあたり，いくつかの誤記を訂正するとともに新しい情報を追記しました．

2021 年 2 月

著　者

謝　辞

　この本は，静岡県立大学の全学共通科目「数学入門」や，経営情報学部・研究科の「経営数学」「経営情報特別講義」を元に作成しました．グラフ理論と経済・経営分野との共同講義を提案された静岡県立大学 大平純彦先生，尹 大榮先生，神戸大学 鈴木竜太先生に感謝いたします．また，様々な例を提供していただいた静岡鉄道 (株) 森田 陸氏，静岡市役所 山本直樹氏，(株) 京都科学 渋沢良太氏，経営情報学研究科の伏見卓恭さん，鍋田真一さん，三津山雅規さん，大多和 均さん，小出明弘さん，山岸祐己さんを始めとする受講生の皆さん，そして，TeX と図を熱心に作成してくれた経営情報学部 佐野玲央直さんに感謝いたします．

　また，静岡県立大学 (故) 中村義作先生，東京理科大学 秋山 仁先生，そして執筆を勧めていただいた旧牧野書店社長牧野末喜氏に御礼を申し上げます．

　再版にあたり共立出版の石井徹也氏に大変お世話になりました．この場をかりて御礼を申し上げます．

2021 年 2 月

著　者

目　　次

---

[1]この節は省略することができる.

本書の構成

　この本は，大学や短大の全学共通科目でも，学部・学科の講義でも使用でき
ます．2単位の講義では量が多いため「本書の構成」を参考に取捨選択してい
ただければと思います．自習できるようにも書かれてあるため，講義で扱わな
い章はレポート課題として利用することもできます．

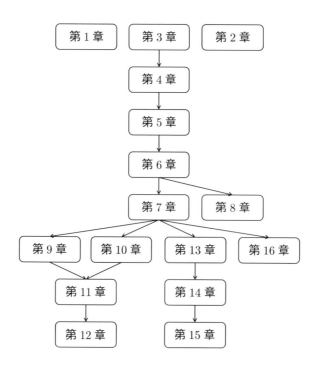

第1章

グラフとは

　本章の目的は，グラフの概要を理解することである.

1.1　グラフ理論の始まり

　数学は今から 2500 年ほど前のギリシャ時代に始まる歴史のある学問である. 5000 年ほど前のエジプト時代やメソポタミア時代にも数学的に高度な知識が存在したが，それらには証明[1]が伴っていなかった. 数学の起源がギリシャ時代にあるとされるのは，論理体系に基づく証明がギリシャ時代に始まったためである.

　グラフ理論は数学の歴史の中では新しく，その発祥となった問題は今から 300 年ほど前の「ケーニヒスベルクの 7 つの橋の問題」である. ケーニヒスベルク（当時の東プロシアの町）はプルーゲル川の河口部に位置し，その川には 7 つの橋がかけられていた[2]. 町の人々は，町を 1 周する散歩によく出かけていたが，どの橋も 1 度ずつ通って自分の家に戻ってくるという散歩のルートはないものかと考えていた. 人々は図 1.1 のように A, B, C, D の 4 つの地区に住んでいたが，どの地区に住んでいる人もそういう散歩のルートを見付けることはできなかった. 数学者のオイラーはこの問題を次のように考えた. 地区

---

[1]証明とは，少数の公理から，論理を用いて命題が成り立つことを示すことである.（公理とは，証明なしに認める命題のことである.）
[2]ケーニヒスベルクは現在のカリーニングラードで，ロシア連邦の飛び地にあるカリーニングラード州の州都である. プルーゲル川は現在はプレゴリア川と呼ばれている.

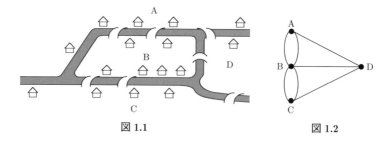

図 1.1　　　　　　　　　　　　　　　図 1.2

を点で表し，橋がかかっている地区同士を線で結ぶと図1.2のようになる．

　散歩のルートの問題は，この図が始点と終点の一致する一筆書きができる
か，という問題と同じである．しかしこの図は，始点と終点の一致する一筆書
きができず，町の人々が求めていた散歩のルートは存在しないことが証明され
た[3]．

1.2　グラフとは

　グラフとは，いくつかの点と，それらの点を結ぶ線からできている図のこと
である（図1.3）.

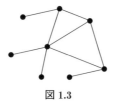

図 1.3

　関数のグラフや統計のグラフは，同じグラフという言葉が使われているが，
この本で扱うグラフとは無関係である．グラフについて研究する分野はグラフ
理論と呼ばれる．

　グラフの代表的な例は次のようなものである．

　鉄道網は，駅を点，線路を線とするグラフの例であり，航空網は，空港を

---

[3]オイラーの論文は1736年に発表された．オイラーはこの論文で図1.2を描いたわけではないが，そ
れと同等の証明を記号を用いて行っている．

図 1.4

点，航空路を線とするグラフの例であり，道路網は，地名を点，道路を線とする グラフの例である（図 1.4）．電話回線網，コンピュータ回線網，電気の送電網，会社の組織図（図 1.5），米の品種系統図（図 1.6），知合い関係図，親子関係図などもグラフの例である．

　チームを点とし，すでに試合を行った 2 チームを線で結ぶと，対戦済み状況を表すグラフができる．勝ったチームから負けたチームへ矢印をつけると，試合結果を表すこともできる．線に矢印がついているグラフは有向グラフと呼ばれる．

　なお，グラフ，多重グラフ，有向グラフなどの用語の定義は第 3 章以降で行うこととし，本章ではそれらを厳密に区別しないこととする．

1.3　グラフの応用例

(1) 最短路問題，最長路問題
　与えられた路線図において，ある地点から別の地点まで最短経路で行く行き

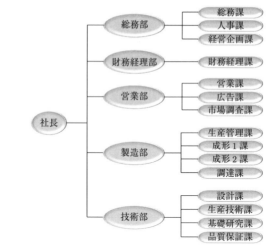

図 1.5　会社の組織図

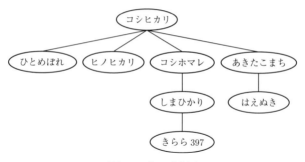

図 1.6　米の系統図

方を求める問題は日常よく直面する問題である．逆に，最長経路を求めるという問題もある．『最長片道切符の旅』[4]は，JR の片道切符で行ける最長のルートを探し，実際にそのルートに沿って旅をして書かれた紀行文である．北海道広尾駅から出発し，北海道をぐるっと回ってから本州に入り，その後南下と北上を繰り返し，最後は鹿児島の枕崎駅まで全長 13319 km の旅である．

---

[4]宮脇俊三『最長片道切符の旅』新潮文庫 (1983).

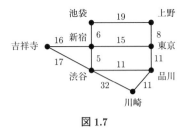

図 1.7

(2) 巡回セールスマン問題

巡回セールスマン問題とは，すべての都市を 1 回ずつ通って元に戻ってくるルートはあるか，という問題である．距離や時間や費用を考慮するなど，この問題の変形版がいろいろ考えられる（図 1.7）．

(3) 産業連関分析への応用

各産業は生産活動を行うとき，原料として別の産業の生産物が投入されていることが多い．産業を点とし，ある産業から別の産業へ生産物が投入されていることを矢印で示すと，産業連関を表すグラフができる．このグラフは，国により，また時期によりどのような特徴があるだろうか（第 15 章）．

(4) 人口移動グラフ

都道府県（以下，県と略す）を点とし，1 年間にある県から別の県へある割合で人口が移動しているとき矢印を引くと，人口移動先を表すグラフが得られる．このグラフの構造を調べると，人口移動についての各県の特徴が見えてくる．都道府県間の大学進学先も，同様にグラフで表すことができる（第 15 章）．

(5) スモールワールド問題

初対面の人と話をすると共通の知人がいてびっくりすることがある．そのようなとき，「世間は狭いですね」という話になる．世界中の人たちの知合い関係をグラフで表すと，どのようなグラフになっているだろうか（第 16 章）．

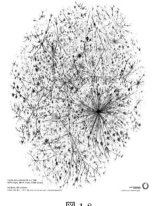

図 1.8

(6) インターネットグラフ

　コンピュータを点とし，コンピュータ間の回線を線で表すと，インターネットグラフができる（図 1.8[5]）．その構造を調べることでインターネット上の様々な事象を解明しようという研究がなされている．

　その他の例として
　・ホームページの構造
　・パソコンのフォルダの構造
　・プログラムのフローチャート
　・食物連鎖
　・地球上の水の循環
　・食物の輸出入による窒素の流出と蓄積
　・カリキュラムの構造
　・様々な言語の文構造
などが挙げられる．

　ところで，点は必ずしも同じタイプのものである必要はなく，違うタイプのものでもかまわない．2種類のもの，たとえば，野菜とその野菜に含まれる各

---

[5]Colour Plate 4: Internet connectivity graph by Bill Cheswick and Hal Burch (*source*: Lucent Technologies, http://www.mappingcyberspace.com/gallery/colourplate4.html).

種栄養素を線で結ぶとグラフができる．人と旅行希望国の対応や，学生と受講科目の対応でもよい．このように点が2つのグループに分かれているグラフは二部グラフと呼ばれている．二部グラフは第6章で取り上げる．

　グラフの概念は比較的単純なものであるが，未解決の問題が数多く存在する．グラフ理論は20世紀に入って急速に発展し，現在，世界中で研究されており，グラフ理論専門の学術誌も多数発行されている．グラフそのものの研究の他に，グラフの応用も盛んに行われている．応用される分野も多岐にわたり，工学，コンピュータ科学，物理学，化学，オペレーションズ・リサーチ，最近では経済学，経営学，社会学，心理学，言語学などへも応用されており，今後もさらに応用が広がっていくと思われる．

1.4　応用に当たり

　様々な事象をグラフで表すことの目的・意義としては次のような点が挙げられる．

　1．グラフに表すことで，複雑な事象の全体が視覚的にとらえられ，分かりやすくなる．

　2．全体の構造を把握しやすくなる．

　3．各点の特徴がとらえやすくなる．

　4．グラフ化の基準を明確にしておけば誰でも同じ結果が得られるため，恣意性を排除することができる．

　グラフ化にはこのような目的・意義があるが，得られたグラフを解釈するときには，いろいろな特性を切り捨てて単純化したことに注意する必要がある．

　グラフ理論は，社会の複雑な現象の解明に役立つ手法であると考えられるので，今後ますます応用が広がっていくことが期待されている．

第2章

論理と証明

　本章では，論理と証明について学ぶ．本章の内容は数学の基礎であると同時に，論理的思考や論理的記述を身に付けるためにも役に立つ内容である．

2.1 命　　題

　ある事柄を述べた文で，正しいか正しくないかが決まっている文を **命題** という．「17 は素数である」「$3 + 7 = 10$」「n が素数ならば $n^{100} + n^{10} + 1$ は素数である」などは命題である．命題が正しいとき，その命題は **真** である，または成り立つといい，命題が正しくないとき，その命題は **偽** である，または成り立たないという．「n は偶数である」は，真偽が定まらないので命題とはいわない．

2.2 条件と集合

　「n は偶数である」のように，文字を含む文や式を **条件** という．条件を考えるときは，文字をどの範囲で考えるかを前もって決めておく必要がある．考える範囲を示す集合を，その条件の **全体集合** という．「n は偶数である」という条件は，全体集合を明示しないときは，整数全体を考えていることが多い．

　命題は，「n が 4 の倍数ならば，n は偶数である」などのように，「p ならば q」という形をとることが多い．これを $p \Longrightarrow q$ と書き，p を **仮定**，q を **結論**

という. 上の例では,

　　　仮定 p：「n は 4 の倍数である」

　　　結論 q：「n は偶数である」

である.

　条件 p に対して,「p でない」という条件を p の **否定** といい,$\bar{p}$ と書く.

2.3　命題の逆, 裏, 対偶

　命題 A：「$p \Longrightarrow q$」に対して,

　　　　　　「$q \Longrightarrow p$」を命題 A の **逆命題**

　　　　　　「$\bar{p} \Longrightarrow \bar{q}$」を命題 A の **裏命題**

　　　　　　「$\bar{q} \Longrightarrow \bar{p}$」を命題 A の **対偶命題**

という. 命題 A が真であっても, その逆は真であるとは限らない. たとえば

　　　命題 B：「n が 4 の倍数 $\Longrightarrow n$ は偶数」

について, 命題 B は真であるが, その逆は真ではない. よって,

> 命題が真であっても, その逆は常に真であるとは限らない.

　一方, 対偶については,

> 命題とその対偶の真偽は一致する.

つまり, 命題が真のとき, その対偶も真であり, 命題が偽のとき, その対偶も偽である. したがって, ある命題を直接証明することが難しいときは, その命題の対偶を証明してもよい.

　例 2.1　上の命題 B の対偶は,

　　　命題 B の対偶：「n が奇数 $\Longrightarrow n$ は 4 の倍数でない」

であり, 命題 B もその対偶もどちらも真である.

　例 2.2　n を自然数とする.

　　　命題 C：「$n^2 - 1$ が 8 の倍数でないならば, n は偶数である」

を証明せよ.

　解　命題 C を直接証明するのは難しいため, 命題 C の対偶：「n が奇数ならば, $n^2 - 1$ は 8 の倍数である」を証明する.

n が奇数より，$n = 2k+1$（k は整数）と書ける．$n^2 - 1 = (2k+1)^2 - 1 = 4k^2 + 4k = 4k(k+1)$．ここで k, $(k+1)$ のどちらかは偶数であるから，$n^2 - 1$ は 8 の倍数である．よって対偶は真であり，元の命題 C も真である．□

2.4　背 理 法

ある命題を直接証明する代わりに，その命題が成り立たないと仮定すると矛盾がおこることを示すことで，その命題を証明することができる．この証明法を **背理法** という[1]．

命題 A の否定命題を $\overline{\text{A}}$ と書く．

例 2.3　命題 A：「$a^2 = 4b + 6$ を満たす整数 a, b は存在しない」を背理法で証明せよ．

解　命題 A が成り立たないと仮定する．すなわち，命題 $\overline{\text{A}}$「$a^2 = 4b + 6$ を満たす整数 a, b が存在する」と仮定する．そのとき，

$$a^2 = 4b + 6 \tag{2.1}$$

を満たす整数 a, b が存在する．

式 (2.1) より a^2 は偶数である．したがって a も偶数である．a が偶数であるから a^2 は 4 の倍数である．一方，式 (2.1) の右辺は 4 で割ると 2 余る数であり，4 の倍数ではない．これは矛盾である．よって，命題 $\overline{\text{A}}$ は成り立たない．ゆえに，命題 A は成り立つ．□

2.5　数学的帰納法

自然数 n についての条件 P_n について，

(1) $n = 1$ のとき，P_n が成り立つ．

(2) k を 1 以上の自然数とする．$n = k$ のとき P_n が成り立つならば，$n = k+1$ のときも P_n が成り立つ．

---

[1]どんな命題も「成り立つ」か「成り立たない」かのどちらかである，という論理は **排中律** と呼ばれている．排中律が成り立つことが背理法や対偶を利用した証明法の根拠となっている．

上の (1), (2) が示されれば，すべての自然数 n について P_n が成り立つ．

この証明法を **数学的帰納法** という．

例 2.4　次の命題を数学的帰納法により証明せよ（n は自然数）．

命題 A：「$5^n - 1$ は 4 の倍数である．」……Q_n

解　命題 A を数学的帰納法により証明する．

(1) $n = 1$ のとき，Q_n が成り立つことを示す．

$n = 1$ のとき，$5^n - 1 = 5^1 - 1 = 4$．よって Q_n は成り立つ．

(2) k を 1 以上の自然数とする．$n = k$ のとき Q_n が成り立つならば，$n = k + 1$ のときも Q_n が成り立つことを示す．

$n = k$ のとき Q_n が成り立つとする．つまり，$5^k - 1$ は 4 の倍数であるとする．そのとき，$5^k - 1 = 4t$ と書ける（t は整数）．

$n = k + 1$ のとき，$5^n - 1 = 5^{(k+1)} - 1 = 5^k \times 5 - 1 = (4t + 1) \times 5 - 1 = 5 \times 4t + 5 - 1 = 5 \times 4t + 4 = 4(5t + 1)$．よって，$5^n - 1$ は 4 の倍数である．したがって，$n = k + 1$ のときも Q_n が成り立つ．

以上，(1), (2) が成り立つ．したがって命題 A は成り立つ．　□

上の方法で命題 A が証明できる理由は次のとおりである．(1) により，$n = 1$ のとき Q_n が成り立つ．$n = 1$ のとき Q_n が成り立つので，(2) により $n = 2$ のときも Q_n が成り立つ．$n = 2$ のとき Q_n が成り立つので，再び (2) により $n = 3$ のときも Q_n が成り立つ．$n = 3$ のとき Q_n が成り立つので，再び (2) により $n = 4$ のときも Q_n が成り立つ．以下同様．したがって，すべての自然数 $n = 1, 2, 3, \ldots$ について Q_n が成り立つ．

注 すべての自然数でなく，たとえば 2 以上の自然数についての命題のときは，

(1) $n = 2$ のとき，P_n が成り立つ．
(2) k を 2 以上の自然数とする．$n = k$ のとき P_n が成り立つならば，$n = k + 1$ のときも P_n が成り立つ．

と変える．

注 数学的帰納法の変形版として次の形のものがある．これは **累積型数学的帰納法** と呼ばれている．

> 自然数 n に関する条件 P_n について,
> (1) $n = 1$ のとき, P_n が成り立つ.
> (2) k を 1 以上の自然数とする. $n = 1, 2, \ldots, k$ のとき P_n が成り立つならば, $n = k + 1$ のときも P_n が成り立つ.
> 上の (1), (2) が示されれば, すべての自然数 n に対して P_n が成り立つ.

$n = 1, 2, 3, \ldots, k$ のときに P_n が成り立つことを使わないと, $n = k + 1$ のとき P_n が成り立つことが示せないときは, この変形版を使う.

2.6 鳩の巣原理

鳩の巣原理とは, 次のような原理のことである.

> **鳩の巣原理** 鳩の巣が n 個あり, 鳩は $n + 1$ 羽以上いる. どの鳩も巣に入っているとき, 鳩が 2 羽以上入っている巣が必ずある (n は自然数).

上の状況で, もし, どの巣にも 1 羽以下しか鳩が入っていなければ, 鳩は全体で n 羽以下しかいないことになる. したがって, どれかの巣には 2 羽以上入っていなければならないことが分かる.

この原理は,「引出し論法」とも呼ばれている.

> **引出し論法** ノートが $n + 1$ 冊ある. それらは n 段の引出しに入っている. そのとき, ノートが 2 冊以上入っている引出しがある (n は自然数).

拡張版の鳩の巣原理もある.

> **拡張版の鳩の巣原理** 鳩の巣が n 個あり, 鳩は $kn + 1$ 羽以上いる. どの鳩も巣に入っているとき, 鳩が $k + 1$ 羽以上入っている巣が必ずある (k, n は自然数).

例 2.5 命題 D:「10 人の生徒を 3 つの部屋に入れると, どれかの部屋には 4 人以上の生徒が入っているばずである.」これを証明せよ.

解 命題 D が成り立たないとしてみる. つまり, 10 人の生徒を 3 つの部屋に入れたとき, どの部屋にも 3 人以下の生徒しか入っていないとする. すると, 生徒の数は $3 \times 3 = 9$ 以下であることになり, 生徒の数が 10 人であるこ

とに矛盾する．したがって，命題 D は成り立つ．　□

問 2.1　合宿に 17 人の学生が参加している．部屋は 4 つあり，現在，全員が部屋にいる．そのとき，5 人以上入っている部屋は必ずあることを示せ．

鳩の巣原理は，あえて述べる必要のないくらい当たり前の原理であるが，ときに非常な威力を発揮する[2]．

＊＊＊キーワード＊＊＊

□命題　　　　　　　　□真　　　　　　　　　□偽
□条件　　　　　　　　□全体集合　　　　　　□仮定
□結論　　　　　　　　□否定　　　　　　　　□逆命題
□裏命題　　　　　　　□対偶命題　　　　　　□背理法
□排中律　　　　　　　□数学的帰納法　　　　□累積型数学的帰納法
□鳩の巣原理　　　　　□引出し論法　　　　　□拡張版の鳩の巣原理

第 2 章の章末問題

2.1　「$3n + 1$ が奇数ならば，n は偶数である」ことの対偶命題を示し，その対偶命題を証明せよ（n は整数）．

2.2　「$n^3 + 2n$ は 3 の倍数である」ことを数学的帰納法で証明せよ（n は整数）．

2.3　1 組 52 枚のトランプがある．

(1) 何枚ひけば，同じマーク（スペード，ハート，ダイア，クラブ）のカードが必ず 2 枚揃うか．最少の枚数を求めよ．

(2) 何枚ひけば，同じマークのカードが必ず 3 枚揃うか．最少の枚数を求めよ．

2.4　静岡県 F 市の人口は約 14 万人である．F 市に，髪の毛の本数が全く同じ 2 人の人はいるか．（注．日本人の髪は多い人でも 10 万本であると言われている．）

---

[2]たとえば，「等差数列に関するファン・デル・ヴェルデンの定理」，ヒンチン（蟹江幸博訳）『数論の 3 つの真珠』日本評論社 (2000) 所収．

2.5　1 辺が 6 m の正方形の土地に木を植えたい．栄養や日当たりを考えると，木と木の間は 3 m 以上離したい（3 m も含む）．土地の境界線上に木を植えてもよい．また，木の太さは無視するものとする．

　(1) この土地に 9 本の木が植えられることを，図を描いて示しなさい．

　(2) この土地に 10 本の木は植えられないことを示しなさい．

（ヒント: この土地を，1 辺が 2 m の 9 個の小正方形に分けて考えてみよ．）

第3章

グラフの定義と用語

本章ではグラフを定義し，基本的な用語を説明する．第3章，第4章，第5章の3つの章でグラフの基本事項を説明する．これらの章で説明する用語は本書を通して使われる．

3.1　グラフとは

グラフとは，いくつかの点と，点を結ぶ線で構成される図のことである．図3.1は，点が6個 (A, B, C, D, E, F)，線が9本からなるグラフである．2点 A, B や2点 B, C などは線で結ばれている．2点 A, C や2点 C, D などは結ばれていない．

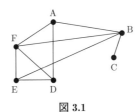

図 3.1

グラフの2点を結ぶ線は直線でも曲線でもかまわない．また，その長さや形状などは問題にしない．線はただ，その2点が結ばれているということのみを示すために書かれている．点の位置も問題にしない．たとえば図3.2 (1) と (2) は同じグラフである．

図3.3 (1) と (2) のグラフを比べてみよう．(1) は，線 AC と BD の交点に点

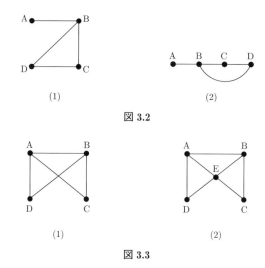

(1)

(2)

図 **3.2**

(1)

(2)

図 **3.3**

がないので，(2) とは異なるグラフである．線の交点に点があるかないかをはっきりさせるため，点は黒丸で示しておく．

　図 3.4 のように，線が 1 本もない場合もグラフの仲間に含める．しかし，点が 1 個もない場合は，線もなく，したがって何もないので，点は 1 個以上はあるものとする．点がなく線だけあるグラフはない．線は点と点を結ぶためのものである．

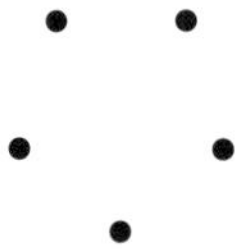

図 **3.4**

　グラフは，工学，化学などいろいろな分野で独立に研究されてきたため，同じものを表すのにいろいろな用語がある．分野により，点 (point) は，頂点 (vertex)，結節点 (node) などとも呼ばれている．線 (line) は，辺 (edge)，枝 (edge)，リンク (link) などとも呼ばれている．

　この本では，「頂点」と「辺」という用語を用いてグラフの説明をしていく．

3.2　グラフの表記

　グラフ は，頂点の集合 V と辺の集合 E の 2 つで決まる．グラフを普通は G で表し，$G = (V, E)$ と書く．ここで，頂点の集合 V は有限集合であるが，空集合 ϕ ではないとする．つまり，頂点は 1 個はあるとする．辺の集合 E は空集合でもよく，辺が 1 本もなくてもかまわない．

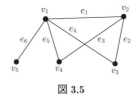

図 3.5

　図 3.5 のグラフ $G = (V, E)$ は，

$$V = \{v_1, v_2, v_3, v_4, v_5\},$$
$$E = \{e_1, e_2, e_3, e_4, e_5, e_6\}$$

である．辺 e_1 は頂点 v_1 と v_2 を結ぶ辺である．そのことを $e_1 = \{v_1, v_2\}$ と書く[1]．頂点の順序を逆にして $e_1 = \{v_2, v_1\}$ と書いてもよい．他の辺も同様に，

$$e_2 = \{v_2, v_3\}, \ \ e_3 = \{v_2, v_4\}, \ \ e_4 = \{v_1, v_3\}, \ \ e_5 = \{v_1, v_4\}, \ \ e_6 = \{v_1, v_5\}$$

と書ける．$E = \{e_1, e_2, e_3, e_4, e_5, e_6\}$ の代わりに，

$$E = \{\{v_1, v_2\}, \{v_2, v_3\}, \{v_2, v_4\}, \{v_1, v_3\}, \{v_1, v_4\}, \{v_1, v_5\}\}$$

と書くこともできる．

　例 3.1　図 3.6 のグラフ $G = (V, E)$ の V, E を記述せよ．

　解　$G = (V, E)$ は

$$V = \{v_1, v_2, v_3, v_4, v_5\},$$
$$E = \{\{v_1, v_2\}, \{v_1, v_3\}, \{v_1, v_4\}, \{v_1, v_5\}, \{v_2, v_3\}, \{v_3, v_4\}, \{v_4, v_5\}\}$$

---

[1]括弧 {　} を省略して $e_1 = v_1 v_2$ と書く本もある．

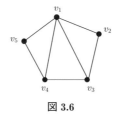

図 3.6

である．　□

　問 3.1　図 3.7 のグラフ $G = (V, E)$ の V, E を記述せよ．

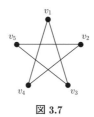

図 3.7

　問 3.2　グラフ $G = (V, E)$,

$$V = \{v_1, v_2, v_3, v_4, v_5\},$$

$$E = \{\{v_1, v_3\}, \{v_1, v_4\}, \{v_3, v_4\}, \{v_3, v_5\}, \{v_4, v_5\}\}$$

を図に描きなさい．（人によっていろいろな描き方がある．見かけは異なっても同じグラフである．）

　グラフにおいて，頂点の個数をグラフの **位数** と呼ぶ．図 3.7 のグラフの位数は 5 である．

3.3　隣接と接続

　グラフにおいて，図 3.8 のように頂点 v_1, v_2 が辺 e_1 で結ばれているとき，つまり $e_1 = \{v_1, v_2\}$ であるとき，頂点 v_1, v_2 を e_1 の **端点** という．また，そのとき v_1 と v_2 は **隣接** している (adjacent) という．さらに，頂点 v_1 と辺 e_1 は **接続** している (incident) という．頂点 v_2 と辺 e_1 も接続している．

　図 3.9 のように 2 辺 e_1, e_2 が 1 つの頂点に接続しているとき，e_1 と e_2 は **隣**

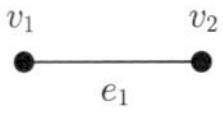

図 3.8 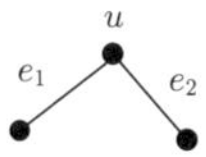　　　　　　　図 3.9

接 しているという[2].

3.4 次　　　数

図 3.10 のグラフにおいて，頂点 v_1 には 3 本の辺が接続しており，頂点 v_5 には 2 本の辺が接続している．頂点に何本の辺が接続しているかは頂点の重要な特徴であるので，次の定義を行う．

頂点に接続している辺の本数を，その頂点の **次数**（degree）と呼ぶ．頂点 v の次数を $\deg v$ と書く．

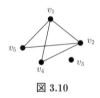

図 3.10

例 3.2　図 3.10 のグラフの各頂点の次数を求めよ．

解　$\deg v_1 = 3$, $\deg v_2 = 3$, $\deg v_3 = 0$, $\deg v_4 = 2$, $\deg v_5 = 2$.　□

次数が 0 の頂点を **孤立点** と呼ぶ．図 3.10 のグラフで，頂点 v_3 は孤立点である．

問 3.3　図 3.7 のグラフの各頂点の次数を求めよ．

図 3.10 のグラフにおいて，すべての頂点の次数の和は $3+3+0+2+2 = 10$ である．一方，辺の本数は 5 本であるから，すべての頂点の次数の和は，辺の本数の 2 倍になっている．このことは，どのようなグラフにおいても成り

---

[2]「隣接」と「接続」は，日本語では意味が似ていて紛らわしいが，これらは，それぞれ英語の adjacent と incident の訳である．英語では，adjacent は同種のものが結び付いているときに用い，incident は異種のものが結び付いているときに用いる．したがって，頂点と頂点，あるいは辺と辺が結び付いているときは adjacent（隣接）を用い，頂点と辺が結び付いているときは incident（接続）を用いる．

立つ.

> **定理 3.1**　グラフの頂点の次数の総和は，グラフの辺の本数の 2 倍に等しい.

証明　1 本の辺には 2 個の頂点が接続しているため，1 本の辺が 2 個の頂点の次数に 1 ずつ寄与している. したがって，すべての頂点の次数を足すと，辺の本数の 2 倍になる. よって定理が成り立つ.（証明終）

問 3.4　図 3.6 のグラフ G において，頂点の次数の総和を求めよ. また，辺の本数を求めよ.

定理 3.1 から，次の 2 つの系[3]が得られる.

> **系 3.1**　グラフにおいて，頂点の次数の総和は偶数である.

> **系 3.2**　グラフにおいて，次数が奇数である頂点は偶数個ある.

証明　仮に，次数が奇数である頂点が奇数個あったとする. グラフの位数（頂点の個数）を n とし，そのうち，次数が奇数の頂点は l 個，偶数の頂点は m 個であるとする.

$$頂点の次数の総和 = （奇数が l 個）+（偶数が m 個）$$

であり，l が奇数であるという仮定より，右辺は奇数である. よって左辺も奇数であり，系 3.1 に矛盾する. よって上の仮定は成り立たない. 以上より，次数が奇数である頂点は偶数個である.（背理法による証明）（証明終）

例 3.3　次のグラフを 1 つ描きなさい.
(1) 各頂点の次数が $2, 2, 2, 2, 2$ であるグラフ.
(2) 各頂点の次数が $1, 1, 1, 2, 2$ であるグラフ.
(3) 各頂点の次数が $1, 1, 1, 2, 2, 3$ であるグラフ.

解　(1) 図 3.11.　(2) グラフは存在しない（系 3.2 より）.　(3)（例）図 3.12.
□

問 3.5　次のグラフを 1 つ描きなさい.

---

[3]系とは，定理からすぐに導かれる命題のことである.

図 3.11　　　　　　　図 3.12

(1) 各頂点の次数が $1, 1, 2, 2, 2$ であるグラフ.

(2) 各頂点の次数が $1, 2, 2, 2$ であるグラフ.

(3) 各頂点の次数が $1, 1, 1, 2, 2, 2$ であるグラフ.

(4) 各頂点の次数が $1, 1, 1, 1, 2, 2, 2$ であるグラフ.

(5) 各頂点の次数が $4, 4, 4, 5, 5, 5$ であるグラフ.

3.5　パスとサイクル

　グラフにおいて，辺に沿って頂点をたどったときの頂点の並び（列）を **歩道** (walk) という. 図 3.13 のグラフで説明すると，たとえば $W = (v_1, v_4, v_3, v_5, v_4, v_2, v_3, v_4)$ は歩道である. 歩道は，同じ頂点を何回通ってもよく，同じ辺を何回通ってもよい. 通る辺の個数を，重複も数えて，その歩道の **長さ** という. 上の歩道 W の長さは 7 である. 歩道には **始点** と **終点** がある. 歩道 W の始点は v_1，終点は v_4 である. 歩道は，始点から終点へ行く行き方を表している. 1 点からなる $W_1 = (v_1)$ も歩道であり，その長さは 0 である.

図 3.13

　グラフの **パス** (**道**, path) とは，すべての頂点，すべての辺が異なる歩道のことである. 長さ k のパスを **k パス** と呼ぶ. パスは同じ頂点，同じ辺を 2 度通らない. 図 3.13 のグラフにおいて，$P = (v_1, v_4, v_5, v_3)$ はパスであり，始点は v_1，終点は v_3 である. このパスは，長さが 3 であるから 3 パスである. $P_1 = (v_1)$ は長さ 0 のパスである.

　グラフの **サイクル** (**閉路**, cycle) とは，始点と終点が一致し，それ以外の

頂点はすべて異なる歩道のことである．長さ k のサイクルを k **サイクル** と呼ぶ．サイクルの長さは3以上とする（つまり，1点はサイクルとはいわない）．図 3.13 のグラフにおいて，$C = (v_1, v_4, v_3, v_5, v_6, v_1)$ はサイクルである．長さは5であるから C は5サイクルである．サイクルであることを明示すれば，終点は省略してもよい．たとえば上のサイクルは $C = (v_1, v_4, v_3, v_5, v_6)$ と表記してもよい．

例 3.4　図 3.13 のグラフについて答えよ．

(1) 頂点 v_1 から頂点 v_3 へ行くパスを1つ表示せよ．

(2) 頂点 v_1 と v_2 を通るサイクルを1つ表示せよ．

解　(1) (v_1, v_4, v_3), $(v_1, v_6, v_5, v_4, v_2, v_3)$ など．(2) $(v_1, v_4, v_2, v_3, v_5)$ など．

$\square$

問 3.6　図 3.14 のグラフ G について答えよ．

(1) 頂点 v_1 から頂点 v_4 へ行く歩道を1つ表示せよ．

(2) 頂点 v_1 から頂点 v_3 へ行くパスを1つ表示せよ．

(3) 頂点 v_1, v_5 を通るサイクルを1つ表示せよ．

(4) 頂点 v_1 から頂点 v_4 へ行くパスはいくつあるか．

(5) グラフ G で一番長いパスの長さはいくらか．

(6) グラフ G で一番長いサイクルの長さはいくらか．

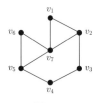

図 3.14

グラフの **内周** とは，グラフの最小のサイクルの長さのことである．グラフの **外周** とは，グラフの最大のサイクルの長さのことである．サイクルのないグラフについては，内周や外周は定義しないこととする．

例 3.5　図 3.14 のグラフについて答えよ．

(1) グラフの内周はいくらか．

(2) グラフの外周はいくらか．

解　(1) 3　(2) 7　$\square$

3.6　連結グラフ

　グラフのどの 2 頂点についても，その 2 頂点を結ぶ歩道が存在するとき，そのグラフは **連結** であるという．たとえば図 3.15 の (1) は連結であり，(2) は連結でない．

(1)　　　　　　　　　　　　(2)

図 **3.15**

　連結であるグラフを **連結グラフ** という．連結でないグラフを **非連結グラフ** という．連結グラフとは，どの 2 頂点もいくつかの辺を通してつながっているグラフのことである．非連結グラフ G は，いくつかの連結グラフ $H_1, H_2, H_3, \dots$ に分かれている（図 3.16）．$H_1, H_2, H_3, \dots$ を G の **連結成分** という．図 3.16 のグラフは，4 個の連結成分を持つ非連結グラフである．（1点でも連結成分である．）

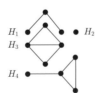

図 **3.16**　非連結グラフ

3.7　2 頂点間の距離

　図 3.17 のグラフにおいて，頂点 v_1 から頂点 v_6 への行き方はいろいろある．パス (v_1, v_4, v_5, v_6) やパス $(v_1, v_2, v_3, v_4, v_5, v_6)$ により行ける．しかし，パス (v_1, v_4, v_6) と行くのが最も短い長さで行ける．

　一般に，グラフにおける 2 頂点 u, v の **距離** (distance) とは，u から v へ行くパスのうちの最短のパスの長さのことである．パスがないとき，距離は無限

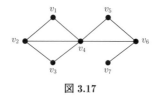

図 3.17

大 (∞) であるとする．2頂点 u, v の距離を $d(u, v)$ と書く．

例 3.6 図 3.17 のグラフにおいて，$d(v_1, v_6)$, $d(v_1, v_7)$ を求めよ．

解 $d(v_1, v_6) = 2$, $d(v_1, v_7) = 3$. □

問 3.7 図 3.17 のグラフにおいて，頂点 v_1 と v_2, v_3, v_4, v_5 との距離をそれぞれ求めよ．

連結グラフにおいて，すべての2頂点間の距離の最大値を，そのグラフの**直径**という．図 3.18 のグラフにおいて，一番遠い2頂点はどれとどれだろうか．それは，1つには，頂点 v_2 と頂点 v_7 である．頂点 v_2 と頂点 v_7 の距離 4 が最大の距離であるから，このグラフの直径は 4 である．

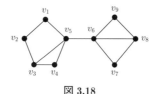

図 3.18

別の言葉で説明すると，グラフの直径とは，1つの辺を1歩で通るとしたとき，一番遠い2頂点間でも何歩で行けるかという，その歩数のことである．

例 3.7 図 3.17 のグラフの直径を求めよ．

解 直径は 3 である．□

問 3.8 図 3.19 のグラフの直径を求めよ．

クラスの生徒を頂点で表し，アドレスを知っている人同士を辺で結ぶとグラフができる．クラス内のだれかがある情報を知ったとき，メールでその情報を伝えるのに1分かかるとする．（アドレスを知っている人には同時に送信できるとする．）そのとき，クラスの全員にその情報が伝わるのに何分かかるだろうか．それは，情報を最初に知ったのが誰であったかに依る．

どの生徒が最初に情報を知った場合でも，何分あれば全員に情報が伝わるだ

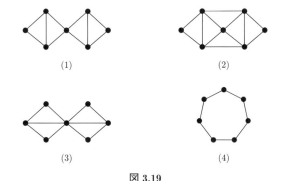

図 **3.19**

ろうか．その最大の時間がグラフの直径である[4]．直径が小さいことは，その集団は情報の伝達が速いことを表している．

問 3.9 図 3.20 のグラフの直径を求めよ．

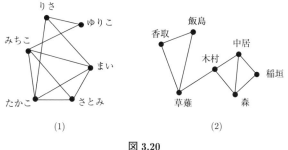

図 **3.20**

3.8 切断点（カットポイント）

グラフ G のある頂点 v を取り去ると G の連結成分の個数が増えるとき，その頂点 v を，グラフ G の **切断点（カットポイント）** という（頂点を取り去るとき，その頂点に接続している辺も同時に取り去る）．図 3.21 (1) のグラフで，頂点 v_3 は切断点である．なぜなら，v_3 を取り去ると図 3.21 (2) のグラフになり，連結成分が 1 個から 2 個に増えるからである．

---

[4]半径という用語もある．誰に最初に情報を与えたときに最も速く全員に伝わるかを考える．最初に情報を与えると最も速く全員に伝わる人の集合を **中心（センター）** と呼び，中心から全員に伝わる時間を，そのグラフの **半径** という．

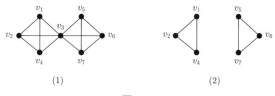

図 3.21

問 3.10　図 3.22 のグラフにおいて，切断点をすべて挙げよ．

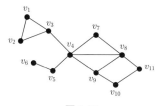

図 3.22

　情報伝達の例で説明すると，図 3.21 (1) は連結グラフであるが，頂点 v_3 が情報を伝達するのを忘れると，情報が伝わらなくなる人が出る．そのような頂点（v_3）が切断点である．切断点でない頂点は，情報を伝達するのを忘れたとしても，（連結成分内の）全員に情報が伝わる．

　切断点とは，その地点で事故や災害があったとき，通信網が分断されてしまう頂点のことであり，大企業などのネットワークは切断点がないように設計されている．

3.9　橋（ブリッジ）

　グラフ G のある辺 e を取り去ると G の連結成分の個数が増えるとき，その辺 e をグラフ G の **橋（ブリッジ）** という．（辺 e を取り去るとき，辺のみを取り，両端点は残しておく．）図 3.23 (1) のグラフで，辺 e_1 は橋である．なぜなら辺 e_1 を取り去ると (2) のグラフとなり，連結成分が 1 個から 2 個に増えるからである．

　問 3.11　図 3.24 のグラフにおいて，橋はいくつあるか．

　前節の例で説明すると，通信路において橋とは，破壊されたときに通信網が分断されてしまう辺のことである．

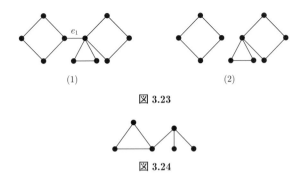

図 3.23

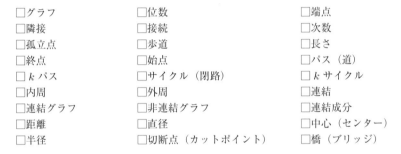

図 3.24

＊＊＊ キーワード ＊＊＊

□グラフ	□位数	□端点
□隣接	□接続	□次数
□孤立点	□歩道	□長さ
□終点	□始点	□パス（道）
□ k パス	□サイクル（閉路）	□ k サイクル
□内周	□外周	□連結
□連結グラフ	□非連結グラフ	□連結成分
□距離	□直径	□中心（センター）
□半径	□切断点（カットポイント）	□橋（ブリッジ）

第 3 章の章末問題

3.1 10 個の頂点 A, B, C, D, E, P, Q, R, S, T をノートに書き，次の辺を書きなさい．

$$\{A,B\},\{B,C\},\{C,D\},\{D,E\},\{E,A\},\{P,Q\},\{Q,R\},\{R,S\},$$

$$\{S,T\},\{T,P\},\{A,P\},\{B,S\},\{C,Q\},\{D,T\},\{E,R\}.$$

他の人の書いた図と比べてみよ．形は違っても同じグラフである．

3.2 次のグラフ $G = (V, E)$ を描き，そのグラフで漢字を作りなさい．

$$V = \{P, Q, R, S, T, U\},$$

$$E = \{\{P,Q\}, \{Q,R\}, \{R,S\}, \{S,T\}, \{R,U\}\}$$

3.3 図 3.25 のグラフの頂点 A, B, C, D, E の次数を求めよ．

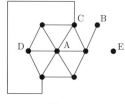

図 **3.25**

3.4　頂点が 4 個あり，それらの次数が 2, 3, 3, 4 であるグラフを 1 つ描きなさい．

3.5　(1)（**握手の定理** その 1）パーティが終わったとき，参加者全員に何人と握手をしたかを尋ねた．全員の握手の回数を足すと，常に偶数になる．それはなぜか．

　(2)（**握手の定理** その 2）パーティが終わったとき，参加者全員に何人と握手をしたかを尋ねた．握手の回数が同じ人は必ずいる．それはなぜか．ただし，参加者は 2 人以上とする．（ヒント：位数が 2 以上のどんなグラフ G においても，次数が同じ頂点は必ずあることを証明する．G の位数を n とおき，(i) 次数が 0 の頂点が 2 個以上あるとき，(ii) 次数が 0 の頂点が 1 個のみあるとき，(iii) 次数が 0 の頂点がないとき，に場合分けして考えよ．）

3.6　図 3.26 のグラフについて，

　(1)　頂点 A と頂点 F の距離を求めよ．

　(2)　グラフの直径を求めよ．

図 **3.26**

3.7　図 3.27 のグラフに切断点はいくつあるか．

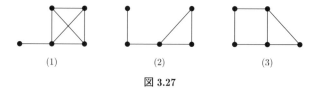

図 **3.27**

3.8　S 社で部対抗のフットサル大会を行うことになった．人数や平均年齢を考慮して，各チームの試合数を次のようにするとき，それぞれのチームの対戦相手を決めよ．ただし，同じ 2 チームの対戦は 1 度までとする．解答は，対戦相手をグラフで表示してもよい．

各チームの試合数：A (人事部) 3 試合，B (総務部) 4 試合，C (企画部) 4 試合，
　　　　　　　　　D (経理部) 3 試合，E (事業部) 2 試合，F (営業部) 3 試合，
　　　　　　　　　G (研究部) 1 試合

第4章

いろいろなグラフ

　本章では，前章に続きグラフの基本事項について説明する．それらは，木，林，二部グラフ，完全グラフ，正則グラフ，グラフの同型判定などである．どの事項も後の章を学ぶための基礎である．

4.1　木 と 林

　サイクルのないグラフを 林 (forest) という．サイクルのない連結グラフを木 (tree) という．林と木の例を図 4.1 (1), (2) に示す．木は重要なため，章を改めてその性質について調べる．

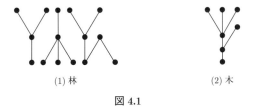

(1) 林　　　　　　　(2) 木

図 4.1

問 4.1　図 4.2 のグラフは木か．

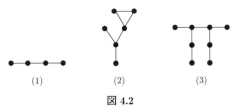

(1)　　　　　(2)　　　　　(3)

図 4.2

4.2　二部グラフ

　二部グラフ とは，頂点が2つのグループに分けられ，同じグループの頂点同士は辺で結ばれていないグラフのことである[1]．図 4.3 のグラフがその例である．このグラフでは $\{A, B, C, D\}$ が1つのグループで，$\{x, y, z\}$ がもう1つのグループである．二部グラフについては章を改めて取り上げる．

図 4.3

　例 4.1　図 4.4 のグラフは二部グラフか．

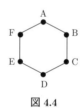

図 4.4

　解　二部グラフである．なぜなら頂点の集合 $\{A, B, C, D, E, F\}$ が $\{A, C, E\}$ と $\{B, D, F\}$ の2つのグループに分けられ，グループ内の頂点同士は辺で結ばれていないからである．　□

　問 4.2　図 4.5 のグラフは二部グラフか．

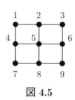

図 4.5

---

[1] 2つのグループは，どちらも空集合ではないとする．（空集合とは，要素が1つもない集合のことである．）

4.3　固有の名称を持つグラフ

よく使われるグラフは，固有の名称や記号を持っている．ここで n は自然数とする.

(1) 自明なグラフ
位数 1 のグラフを自明なグラフという（図 4.6）.

●

図 4.6　自明なグラフ

(2) 完全グラフ K_n
完全グラフ K_n とは，頂点が n 個あり，すべての 2 頂点間に辺があるグラフのことである（図 4.7）.

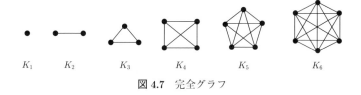

K_1　　K_2　　K_3　　K_4　　K_5　　K_6

図 4.7　完全グラフ

(3) 完全二部グラフ $K_{m,n}$
完全二部グラフ $K_{m,n}$ とは，図 4.8 のように，m 個の頂点グループと n 個の頂点グループがあり，異なるグループのすべての 2 頂点間に辺がある二部グラフのことである.

(4) パス P_n
頂点の個数が n のパスを P_n と書く (図 4.9)．スネイクと呼ぶこともある.

(5) サイクル C_n
頂点の個数が n のサイクルを C_n と書く (図 4.10)．n は 3 以上である.

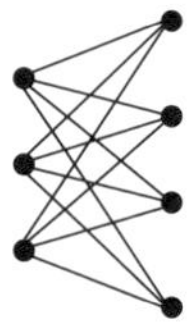

図 4.8　完全二部グラフ $K_{3,4}$

図 4.9　パス P_6

図 4.10　サイクル C_5

(6) スター S_n

スター S_n は完全二部グラフ $K_{1,n-1}$ のことである (図 4.11).　n は 2 以上とする.　クロー (claw, 爪) と呼ぶこともある.

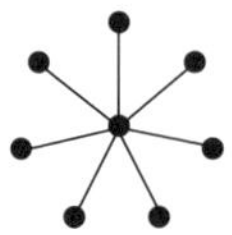

図 4.11　スター S_8

(7) 車輪グラフ W_n

図 4.12 のようなグラフを車輪グラフ W_n という.　中心に 1 点があり,他の $n-1$ 個の頂点は円周上に並んでいる.

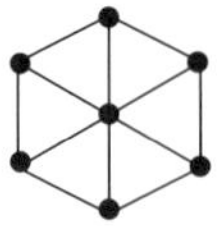

図 4.12　車輪グラフ W_7

(8) ペテルセングラフ

図 4.13 のグラフはペテルセングラフと呼ばれている.　頂点が 10 個,辺が 15 本のグラフである.　図 4.14 のグラフとは異なる.

図 4.13 ペテルセングラフ　　　　　　　　図 4.14

(9) 正多面体グラフ

　正多面体とは，1 種類の正多角形で囲まれた多面体で，どの頂点から見ても正多角形が同じ形で集まっている立体のことである．正多面体は，図 4.15 の 5 個しかないことがギリシャの昔から知られている．それらは，正 4 面体，正 6 面体（立方体），正 8 面体，正 12 面体，正 20 面体である．正 4 面体は正 3 角形が 4 個，正 6 面体は正方形が 6 個，正 8 面体は正 3 角形が 8 個，正 12 面体は正 5 角形が 12 個，正 20 面体は正 3 角形が 20 個から作られている[2]．

　これらの正多面体の頂点と辺をグラフに描くと図 4.15 のようなグラフになる．これらのグラフを正多面体グラフと呼んでいる．

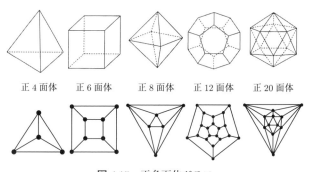

正 4 面体　　正 6 面体　　　正 8 面体　　　正 12 面体　　正 20 面体

図 4.15　正多面体グラフ

---

[2] 正多面体は調和のとれた美しい形をしているので，完全立体とも呼ばれている．ギリシャ時代は「万物は火，水，土，空気の 4 つの元素からできている」と考えられていた．それら 4 つの元素の形は完全立体の形をしていると考え，火，水，土，空気は，それぞれ，その形から，正 4 面体，正 20 面体，正 6 面体，正 8 面体の形であるとされた．そして正 12 面体は宇宙を表すとされた（ランタン（丸岡高弘訳）『われ思う，故に，われ間違う―錯誤と創造性』産業図書 (1996), p.17).

4.4　正則グラフ

すべての頂点の次数が等しいグラフを **正則グラフ** (regular graph) という．その次数が r のとき，**次数 r の正則グラフ**，または，**r 正則グラフ** という．図 4.16 (1), (2), (3) は，それぞれ，1 正則グラフ，2 正則グラフ，3 正則グラフである．

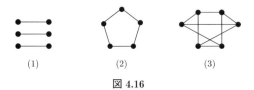

図 **4.16**

完全グラフ K_n は $(n-1)$ 正則グラフであり，完全二部グラフ $K_{n,n}$ は n 正則グラフである．ペテルセングラフは 3 正則グラフである．正多面体グラフも正則グラフである．

問 4.3　頂点の個数が 10 の 3 正則グラフを 1 つ作りなさい．

問 4.4　r が奇数のとき，r 正則グラフの位数（頂点の個数）は偶数である．それはなぜか．（ヒント: 第 3 章の結果を使う．）

4.5　グラフの同型

図 4.17 の 2 つのグラフ G_1 と G_2 は異なるグラフに見えるが，実は同じグラフである．G_1 の頂点 A を右上に移動すると G_2 になるからである（注．グラフは，頂点の位置や辺の形状を問題としない）．図 4.18 の 2 つのグラフも同じグラフである．それは，左の図で頂点 B を右上に移動すると分かる．

一方，図 4.19 の 2 つのグラフ G_3 と G_4 は，頂点の名前が異なるが，グラフの形は同じである．G_4 において，P → A, Q → B, R → C, S → D, T → E と頂点の名前を付け替えると G_3 になる．

このように，2 つのグラフが，頂点の名前を（一方のグラフのみ，または両方とも）付け替えると同じグラフになるとき，その 2 つのグラフは **同型** であるという．図 4.19 のグラフ G_3 と G_4 は同型である．

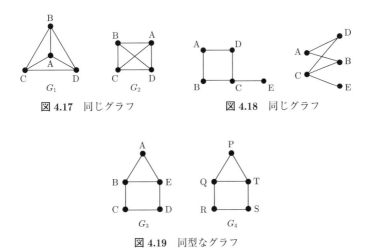

図 **4.17** 同じグラフ　　　　図 **4.18** 同じグラフ

図 **4.19** 同型なグラフ

　2 つのグラフ G と H が同型であることを示したいときは，次の方法がある．

・グラフ H の頂点の名前を付け替えると G になる．

・グラフ H の頂点のいくつかを移動すると G と同じ形（形状）になる．

　一方，グラフ G と H が同型でないことを示したいときは，どうしたらよいだろうか．そのためには，G の頂点の名前をどのように替えても H にならないことを示せばよいが，名前の付け方をすべて試さなければならず大変な作業量となる．

　そこで，2 つのグラフが同型でないことを示したいときは，2 つのグラフの特徴をよく見て，異なる特徴を挙げればよい．

・頂点の個数や辺の個数が違えば，同型ではない．

・頂点と辺の個数がそれぞれ同じでも，次数の列が異なれば同型ではない．
　また，頂点のつながり方が違えば同型ではない．

・一方に k サイクル（長さ k のサイクル）があり他方になければ同型ではない．

などである．たとえば図 4.20 で，グラフ G では 4 個の 3 次の頂点がつながっている（4 サイクルをなしている）が，H ではそうなっていないから，G と H は同型ではない．あるいは図 4.21 で，H には 5 サイクルがあるが G には 5 サイクルがないから G と H は同型ではない，などである．

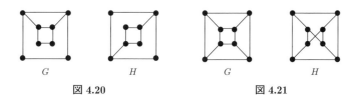

G　　　　　H　　　　　　G　　　　　H

図 4.20　　　　　　　　　　　図 4.21

問 4.5　次の各問 (1)〜(4) の 2 つずつのグラフは同型か.

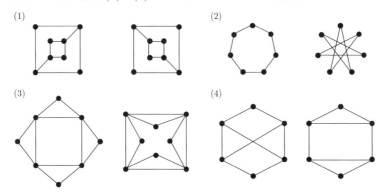

(1)　　　　　　　　　　　　　　(2)

(3)　　　　　　　　　　　　　　(4)

4.6　部分グラフと誘導部分グラフ

　図 4.22 (1), (2) の 2 つのグラフを見てみよう.(2) は (1) の一部を取り出し
たグラフである.このとき,グラフ (2) はグラフ (1) の **部分グラフ** であると
いう.一般に,グラフ $G = (V, E)$ とグラフ $G_1 = (V_1, E_1)$ が,$V_1 \subseteq V$ かつ
$E_1 \subseteq E$ となっているとき,G_1 を G の **部分グラフ** という.

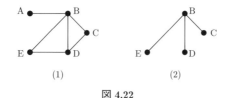

(1)　　　　　　　　　　(2)

図 4.22

　例 4.2　図 4.23 (1), (2), (3), (4) のどのグラフも図 4.22 (1) の部分グラフで
ある.

　図 4.22 (1) のグラフにおいて,たとえば頂点 A, B, C, D を指定し,それ
らの頂点に両端点が接続する辺をすべて取り出すと図 4.23 (4) のグラフにな

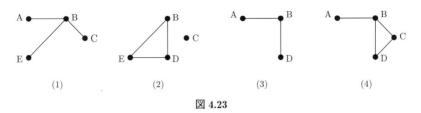

図 4.23

る．図 4.23 (4) のグラフを，頂点集合 {A, B, C, D} の **誘導部分グラフ**，または {A, B, C, D} から **生成される部分グラフ** という．

例 4.3　図 4.24 (1) のグラフにおいて，{v_1, v_3, v_4, v_5} の誘導部分グラフを求めよ．

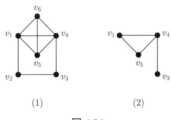

図 4.24

解　図 4.24 (2).　□

問 4.6　図 4.25 のグラフにおいて，{$v_1, v_2, v_3, v_4, v_5, v_6$} の誘導部分グラフを求めよ．

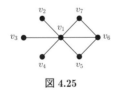

図 4.25

＊＊＊ キーワード ＊＊＊

□林 (forest)　　　　　　□木 (tree)　　　　　　　□二部グラフ
□自明なグラフ　　　　　□完全グラフ K_n　　　　□完全二部グラフ $K_{m,n}$
□パス P_n　　　　　　 □サイクル C_n　　　　　 □スター S_n
□車輪グラフ W_n　　　 □ペテルセングラフ　　　 □正多面体グラフ
□正則グラフ　　　　　　□次数 r の正則グラフ　　□r 正則グラフ

□同型　　　　　　　　　□部分グラフ　　　　　　　□誘導部分グラフ
□生成される部分グラフ

第4章の章末問題

4.1　完全グラフ K_n の辺の総数を求めよ.

4.2　図 4.26 (1), (2) において，$\{v_1, v_2, v_3, v_4\}$ の誘導部分グラフを求めよ.

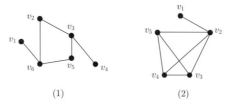

図 **4.26**

4.3　図 4.27 の2つのグラフは同型か.

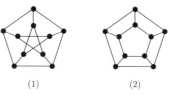

図 **4.27**

4.4　次の各問 (1)〜(4) のグラフは同型か.

(1)　　　　　　　　　　　　　　　(2)

(3)　　　　　　　　　　　　　　　(4)

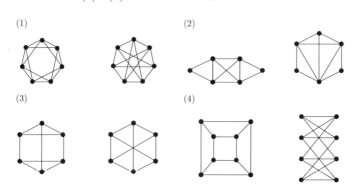

4.5   次の各問 (1)〜(10) のグラフについて，同型なら○，非同型なら×をつけよ．

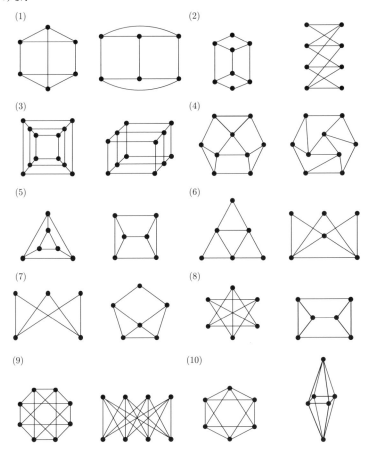

4.6   連結グラフにおいて，任意の頂点を x, y, z とするとき，3 角不等式

$$d(x, z) \leq d(x, y) + d(y, z)$$

が成り立つことを証明せよ．

第5章

多重グラフと有向グラフ

本章では，グラフの基本事項の最後として，多重グラフや有向グラフについて説明する．

5.1 多重グラフ

グラフは，2個の頂点の間に辺があったとしても1本しかないが，道路網などを考えるとき，2個の頂点の間に辺が2本以上あることがある．図5.1のように，2頂点間に辺が2本以上あるとき，それらの辺を **多重辺** と呼ぶ．また，図5.2のような頂点から同じ頂点への辺を **ループ** と呼ぶ（図5.2）．

図 5.1　多重辺　　　　　　図 5.2　ループ

多重辺とループの存在を許すとき，**多重グラフ** という．図5.3は多重グラフである．多重グラフのうち，多重辺やループのないものがグラフである．多重グラフでなくグラフであることを強調したいとき，グラフのことを **単純グラフ** と呼ぶことがある．

多重グラフにおける頂点の次数，歩道，パス，サイクル（閉路），連結，2頂点間の距離の定義は，グラフの場合と同様である．ただし，多重グラフの歩道，パス，サイクルは，(v_1, v_2, v_3, v_4) のように頂点のみを並べて書くとどの辺を通るか分からないため，$(v_1, e_4, v_2, e_6, v_3, e_9, v_4)$ のように間に辺を入れて

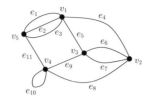

図 5.3　多重グラフ

書くこととする.

例 5.1　図 5.3 の多重グラフは連結多重グラフである. 頂点 v_1 の次数は $\deg v_1 = 5$ である. $(v_1, e_4, v_2, e_6, v_3, e_9, v_4)$ はパス, $(v_1, e_1, v_5, e_{11}, v_4, e_9, v_3, e_5, v_1)$ はサイクル (閉路) である. 頂点 v_2, v_5 の距離は $d(v_2, v_5) = 2$ である.

多重グラフでは, 長さが 1 や 2 のサイクルもあり得る. ループや 2 重辺があるからである (図 5.4).

図 5.4　多重グラフの長さが 1 と 2 のサイクル

5.2　有向グラフ

一方通行の道路網など, グラフの 2 頂点を結ぶ辺に向きがついていると便利なときがある. そのようなときのために有向グラフがある.

有向グラフ とは, いくつかの頂点があり, 各 2 頂点が, 向きのある辺で結ばれているかいないかが決まっている図のことである. 図 5.5 は有向グラフの例である. 向きのある辺を **有向辺** という. 頂点 v_1 から v_2 へ向かう有向辺は, 記号では (v_1, v_2) と書く. 順序を逆にして (v_2, v_1) と書くと, v_2 から v_1 へ向かう有向辺を表すことになる.

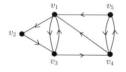

図 5.5　有向グラフ

図 5.5 の有向グラフを D, 頂点の集合を V, 有向辺の集合を A とおくと,

$$D = (V, A),$$
$$V = \{v_1, v_2, v_3, v_4, v_5\},$$
$$A = \{(v_1, v_2), (v_1, v_3), (v_2, v_3), (v_3, v_1), (v_3, v_4),$$
$$(v_4, v_1), (v_4, v_5), (v_5, v_1), (v_5, v_4)\}$$

である.

有向グラフの頂点の次数は，入次数 (indegree) と出次数 (outdegree) に分けて定義される．頂点 v の **入次数** とは v へ向かう有向辺の本数のことで，indeg v と書く．**出次数** とは v から出ていく有向辺の本数のことで，outdeg v と書く．入次数と出次数の合計を頂点 v の **次数** といい，deg v と書く．deg v = indeg v + outdeg v である．

例 5.2 図 5.5 における有向グラフの頂点 v_1 の入次数 indeg v_1，出次数 outdeg v_1，次数 deg v_1 を求めよ．

解 indeg $v_1 = 3$, outdeg $v_1 = 2$, deg $v_1 = 5$. ☐

有向グラフにおける **有向歩道** とは，有向辺に沿った頂点の列のことである．同じ頂点を何回通ってもよく，同じ有向辺を何回通ってもよい．通る有向辺の個数を，重複も数えて，その有向歩道の **長さ** という．頂点列の最初の頂点を **始点**，最後の頂点を **終点** と呼ぶ．

有向グラフの **有向パス** とは，通る頂点がすべて異なる有向歩道のことである．有向グラフの **有向サイクル**（有向閉路）とは，始点と終点が一致し，それ以外の頂点がすべて異なる（始点，終点とも異なる）有向歩道のことである．有向サイクルの長さは 2 以上である．1 点は有向サイクルとはいわない．

グラフのときと同様，有向サイクルであることを明示しておけば，終点は，始点と同じであるから省略してよい．たとえば有向サイクル $C = (v_1, v_3, v_4, v_5, v_1)$ を $C = (v_1, v_3, v_4, v_5)$ と表記してよい．

例 5.3 図 5.5 の有向グラフにおいて，$W = (v_1, v_2, v_3, v_1, v_3)$ は有向歩道，$P = (v_5, v_4, v_1, v_3)$ は有向パス，$C = (v_1, v_2, v_3, v_4, v_1)$ は有向サイクルである．

有向グラフにおいて，頂点 u から v へ行くときの最短の有向パスの長さを，頂点 u から v への **距離** (distance) といい，$d(u, v)$ と書く．有向パスがない

とき, 距離は無限大 (∞) であるとする.

例 5.4   図 5.5 の有向グラフにおいて, 距離 $d(v_5, v_3)$, $d(v_1, v_5)$, $d(v_2, v_1)$ を求めよ.

解 $d(v_5, v_3) = 2$, $d(v_1, v_5) = 3$, $d(v_2, v_1) = 2$.   □

最後に有向グラフの連結性について定義する.

有向グラフにおいて, どの頂点からどの頂点へも有向辺に沿って行けるとき, その有向グラフは **強連結** であるという.

有向グラフにおいて, 有向辺の向きを無視してすべて無向辺であると見なしたときにできる多重グラフが連結であるとき, その有向グラフは **弱連結** であるという. 強連結ならば, 当然, 弱連結である.

例 5.5   図 5.5 の有向グラフは弱連結であり, 強連結でもある. 図 5.6 の有向グラフは弱連結であるが, 強連結でない.

図 5.6   弱連結グラフ

問 5.1   図 5.7 の有向グラフは, 強連結か, 弱連結か.

(1)   (2)

図 5.7

2 頂点 v_1, v_2 の間に両方向の有向辺があるとき, 2 本の有向辺を書く代わりに図 5.8 のように 1 本で書いてもよい.

グラフや多重グラフのときの向きのついていない辺は, **無向辺** と呼ぶことがある. 有向辺は記号では (v_1, v_2) と書くが, 無向辺は, 第 3 章で述べたように $\{v_1, v_2\}$ と書く[1].

---

[1] 一般に, 順序を問題にするときは丸括弧 (,) を用い, 順序を問題にしないときは中括弧 { , } を用いるという決まりがある.

図 5.8

グラフは有向グラフではない．グラフの辺に向きがついていないからである．有向グラフに対して，グラフのことを **無向グラフ** と呼ぶことがある．無向グラフは，各辺に両方向に向きがついていると解釈すると有向グラフとなるので，無向グラフを有向グラフとして扱うこともできる．（無向グラフの各辺を両側通行の道路と思うことに相当する．）

5.3 有向多重グラフ

多重グラフの各辺に向きがついているとき，それは **有向多重グラフ** と呼ばれる（図 5.9）．有向多重グラフは，ループも有向多重辺も許すものである．ループの矢印は，どちら回りに書いても同じループである（図 5.10）．図 5.9 の e_1, e_2 は有向多重辺であるが，e_3, e_4 は有向多重辺でないことを注意しておく．

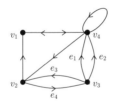

図 5.9 有向多重グラフ

図 5.10 同じループ

5.4 ネットワーク

第 3 章から本章までで，グラフ，多重グラフ，有向グラフ，有向多重グラフを説明したが[2]，辺や有向辺に数値をつけて考える方が現実的であることが

---

[2]分野によっては，この本の多重グラフ，有向グラフ，あるいは有向多重グラフを「グラフ」と定義する本もあるので，グラフの本を参照する際にはその本におけるグラフの定義をまず読む必要がある．

多い．たとえば，距離，時間，費用などを，辺や有向辺につけて考え，ある地点から別の地点へ移動する際，最短距離，最小時間，最小費用で移動するルートを見付けたい場合などである．

このように，グラフ，多重グラフ，有向グラフ，有向多重グラフの辺や有向辺に機能を付け加えたものを **ネットワーク** と呼んでいる（図 5.11）．

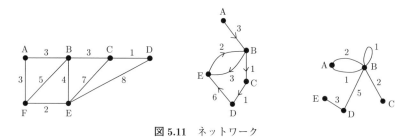

図 5.11　ネットワーク

図 5.12 のネットワークについて考えてみよう．各有向辺につけられている数値は，その有向辺に流すことのできる最大の流量（**容量** という）である．頂点 S から T に向かって水を流すとき，最大でどのくらいの量の水を流すことが可能だろうか．

頂点 S を出発点，T を到達点と呼ぶ．それ以外の中間点においては，入ってくる量と出ていく量は同じであるとする．

出発点 S から 40 の量の水を流してみる．すると，点 A には 10，点 B には 30 流れていく．B に入った 30 は，B から出ている 3 本の矢印に沿って 10, 10, 10 と分かれて出ていく．すると，A には合計で 20 の水が入ってきて，それが 5 と 15 に分かれて出ていく．

点 D では 25 の水が入ってくるが，出ていける量は 20 である．したがって，出発点 S から 40 の量の水は流すことができないことが分かる．

実際に流すことのできる水の流れを **フロー** と呼び，その中で最大の流量を持つフローを **最大フロー** と呼ぶ．

実は図 5.12 において，出発点 S から流すことのできる最大の流量は 35 であり，その具体的な流れ（最大フロー）は図 5.13 のとおりである．

ネットワークが与えられたとき，流せる最大の流量や最大フローを求める問題は **最大フロー問題** と呼ばれている．道路網，送電網など，出発地から目的地へ 1 日当たり最大でどれくらいの量を運べるかという問題を考えるときな

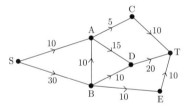

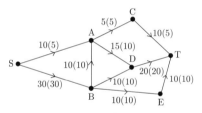

図 5.12　ネットワーク（数値は容量）　　図 5.13　最大フロー（（　）内の数値）

どに応用される.

＊＊ キーワード ＊＊

☐多重辺　　　　　　☐ループ　　　　　　☐多重グラフ
☐単純グラフ　　　　☐有向グラフ　　　　☐有向辺
☐入次数　　　　　　☐出次数　　　　　　☐次数
☐有向歩道　　　　　☐長さ　　　　　　　☐始点
☐終点　　　　　　　☐有向パス　　　　　☐有向サイクル
☐距離　　　　　　　☐強連結　　　　　　☐弱連結
☐無向辺　　　　　　☐無向グラフ　　　　☐有向多重グラフ
☐ネットワーク　　　☐容量　　　　　　　☐フロー
☐最大フロー　　　　☐最大フロー問題

第 5 章の章末問題

5.1　図 5.14 の多重グラフについて,

　(1) 連結であるもの,

　(2) ループを持つもの,

　(3) グラフ（単純グラフ）であるもの

はどれか, 答えよ.

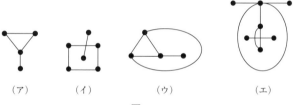

図 5.14

5.2　図 5.15 の有向グラフにおいて，頂点 F の入次数 indeg F，出次数 outdeg F，次数 deg F を求めよ.

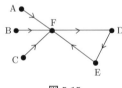

図 5.15

5.3　図 5.15 の有向グラフにおいて，頂点 A から E への距離 $d(\mathrm{A}, \mathrm{E})$ を求めよ.

5.4　図 5.16 の有向グラフは，弱連結か，強連結か.

(1)

(2)

図 5.16

第6章

二部グラフ

本章では，二部グラフの性質について学ぶ．また，二部グラフのいろいろな応用例についても考えていく．

6.1　二部グラフとは

二部グラフとは，第4章で定義したように，同じグループに属する頂点同士が隣接しないように，頂点を2つのグループに分けることができるグラフのことである．ただし，2つのグループのどちらも1点以上の頂点を持つこととする．二部グラフは，たとえば図6.1のようなグラフである．

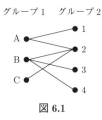

図 6.1

図6.2 (1)のグラフは，一見すると二部グラフでないように見えるが，実は二部グラフである．なぜなら，頂点を2つのグループ {A, C, E} と {B, D, F} に分けると，同じグループの頂点同士は隣接していないからである (図6.2 (2))．図6.3のように，二部グラフは連結であるとは限らない．

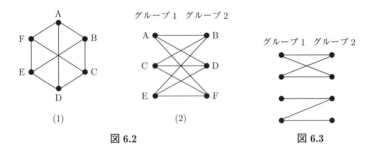

図 6.2　　　　　　　　　　　　図 6.3

問 6.1　図 6.4 のグラフのうち，二部グラフはどれか.

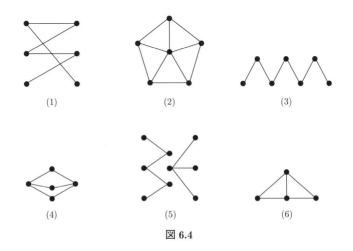

図 6.4

6.2　二部グラフの判定法

　この節では，与えられたグラフが二部グラフかどうかを見分ける方法（○×法）を説明する．二部グラフとは，○の頂点と×の頂点が隣接しないように，すべての頂点に○か×の印をつけることのできるグラフのことである（図 6.5）.

　ここでは，連結グラフのみを考えればよい．なぜなら，連結グラフでないときは，いくつかの連結成分に分かれているが，各連結成分が二部グラフなら全体としても二部グラフになるからである．以下，考えるグラフは連結グラフであるとする.

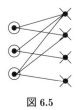

図 **6.5**

　どの頂点でもよいので 1 点を選び，○をつける．その頂点と隣接する頂点すべてに×をつける．×の頂点と隣接する頂点すべてに○をつける．この操作を繰り返す（図 6.6）.

開始点

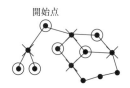

図 **6.6**　○×法（途中の図）

　すべての頂点に矛盾なく○か×がつけられるグラフは二部グラフである．なぜなら，G のすべての頂点が○グループと×グループに分けられ，○と隣接する頂点は×であり，×と隣接する頂点は○であるからである．

　ところが，上の操作に途中で矛盾が生じることがある（図 6.7）．そのとき，そのグラフは二部グラフではない．矛盾が生じるのはサイクルにおいてであり，サイクルがなければ矛盾は生じない．

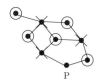

P

図 **6.7**　頂点 P に○も×もつけられない

問 6.2　○×法で，図 6.8 のグラフが二部グラフかどうかを判定せよ．

(1)   (2)

図 6.8

6.3　二部グラフの性質

　この節では，二部グラフの性質を調べる．サイクル（閉路）について，長さが偶数のときは **偶数サイクル**，長さが奇数のときは **奇数サイクル** と呼ぶ．図 6.9 にそれぞれの例を示す．

偶数サイクル　　　　　　　　奇数サイクル

図 6.9

定理 6.1　グラフ G に頂点は 2 個以上あるとする．

　(1) グラフ G が二部グラフのとき，G のどのサイクルも偶数サイクルである．

　(2) グラフ G にサイクルがないとき，G は二部グラフである．

　(3) グラフ G のどのサイクルも偶数サイクルのとき，G は二部グラフである．

　証明　(1) グラフ G が二部グラフのときは，図 6.10 のように 2 つのグループ A，B に分けられている．サイクルがあるとき，そのサイクルの頂点列は A–B–A–B–$\cdots$–A (元に戻る) となり，サイクルの長さは偶数である．

　(2) グラフ G にサイクルがないときは，○×法ですべての頂点に矛盾なく○か×がつけられる．よって，グラフ G は二部グラフである．

　(3) グラフ G において，どのサイクルの長さも偶数ならば，○×法により

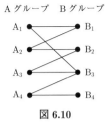

A グループ　B グループ

図 6.10

矛盾が生じることなくすべての頂点に○か×がつけられる．（注. 奇数サイクルがあれば，○×法はそのサイクルで矛盾が生じるが (図 6.11)，どのサイクルも偶数サイクルなら矛盾は生じない[1]．）よって，G は二部グラフである．

（証明終）

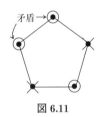

図 6.11

系 6.1　グラフ G が二部グラフであることと，奇数サイクルがないことは，同値である．

証明　まず，二部グラフに奇数サイクルがないことは，定理 6.1 (1) から分かる．次に，グラフに奇数サイクルがなければ二部グラフであることは，定理 6.1 (2), (3) から分かる．以上より，同値性が示された．（証明終）

系 6.2　グラフ G に奇数サイクルがあれば，G は二部グラフではない．

証明　系 6.1 より明らか．（証明終）

---

[1]「どのサイクルも偶数サイクルなら矛盾は生じない」ことは次のように考えると分かる．グラフ G の 1 つの頂点を v とし，v に○をつける．v からの距離が偶数である頂点には○，奇数である頂点には× をつける．もし，○の 2 頂点 x と y が隣接していたとすると，$v-x-y-v$ というサイクルが生じるが，これは奇数サイクルである．奇数サイクルがないことより，○の頂点が隣接することはない．×の頂点についても同様に，隣接することはない．

問 6.3　本節の定理や系を用いて，図 6.12 のグラフが二部グラフかどうかを判定せよ.

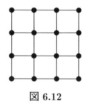

図 6.12

問 6.4　図 6.13 のグラフが二部グラフかどうかを判定せよ.

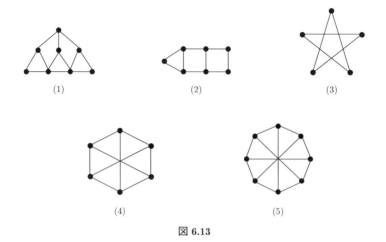

(1)   (2)   (3)

(4)   (5)

図 6.13

6.4　二部グラフの例

この節では，いろいろな分野への二部グラフの適用例を考えてみよう.

(1) ダンスの組合せ（図 6.14）

男女 5 人ずつ計 10 人でダンスパーティに行くことになった．お互いがペアを組んでもよいと思う男女間に線を引くと二部グラフができる．全員でダンスパーティに行けるようにペアを決めたい.

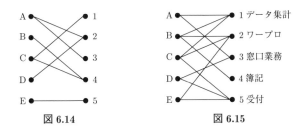

図 6.14　　　　　　　　　図 6.15

(2) 人員配置（図 6.15）

人にはそれぞれ適性がある．適性のある仕事に線を引くと二部グラフができる．1 人 1 つの仕事をするとき，誰にどの仕事を割り当てたらよいだろうか．

(3) 委員長の決め方（図 6.16）

図は，各人がどの委員会に属しているかを表している．1 人で 2 つの委員長をするのは大変なので，そうならないように，5 つの委員会の委員長を決めることはできるだろうか．

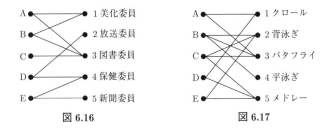

図 6.16　　　　　　　　　図 6.17

(4) 水泳大会（図 6.17）

水泳部員全員が水泳大会に出場するには，それぞれどの種目で出場するとよいか．図は泳げる種目に線が引かれている．

(5) 言葉と対象の二部グラフ（図 6.18）[2]

　言葉と対象の対応関係は二部グラフで表せる．一般に1つの言葉には複数の対象が対応し，逆に1つの対象には複数の言葉が対応する．杉原・伊理論文では言葉と対象の対応を表す二部グラフから，概念の構造を抽出することを試みている．

　「ちゃわん」に対応する対象は「食器」からも対応しており，「食器」に対応する対象は「人工物」からも対応していることから，「ちゃわん」「食器」「人工物」の間には

$$「ちゃわん」⊆「食器」⊆「人工物」$$

という関係があることなどが分かる．

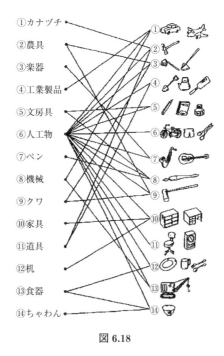

①カナヅチ
②農具
③楽器
④工業製品
⑤文房具
⑥人工物
⑦ペン
⑧機械
⑨クワ
⑩家具
⑪道具
⑫机
⑬食器
⑭ちゃわん

図 6.18

[2]杉原厚吉，伊理正夫「2部グラフの分割理論を利用した概念構造決定法」『オペレーションズ・リサーチ』1978年8月号 (1978)，pp.504-510.

(6) 国の輸出品（図 6.19）

　8ヶ国（含地域）（韓国，シンガポール，スリランカ，香港，台湾，中国，ベトナム，タイ）と主な輸出品を線で結ぶと二部グラフができる．データは，ジェトロのホームページより 2006 年の輸出統計（品目別）の構成比を基に作成した．国と輸出品の順序をある方法で並べ替えることで[3]，各国の特徴が浮かび上がるのではないか．

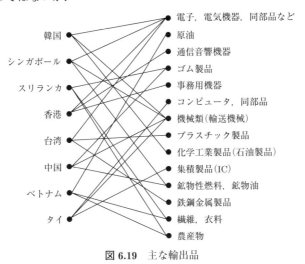

図 6.19　主な輸出品

(7) 都道府県と農産物の生産高（図 6.20）

　都道府県と主要な農産物（りんご，ぶどう，みかん等）の間に線を引くと二部グラフができる．ただし，各都道府県の全生産高の 5% 以上の農産物に線を引くこととする．

(8) Yahoo!ニュースの記事（図 6.21）[4]

　Yahoo!ニュースには 6 つのカテゴリー（国内，海外，経済，エンターテインメント，スポーツ，テクノロジー）があり，各カテゴリーは数個のトピックに分けられている．トピックは全部で 25 ある．それらのトピックを頂点とし

[3]伊理正夫，佐藤創，韓太舜，星守『応用システム数学』共立出版 (1996)，p.116.
[4]久保田大和「2 部グラフ可視化による多重分類構造の分析」静岡県立大学経営情報学部卒業論文 (2012).

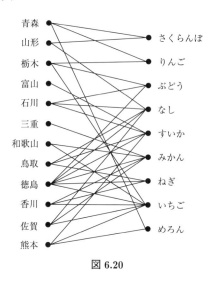

図 6.20

て，2 つの同心円の内側の円周上に配置する．

　各トピックには数百から千程度の多数の記事が属している．各記事から主な単語を抽出すると全体で数万位になる．それらの単語を頂点として，図の同心円の外側の円周上に配置する．

　単語と，その単語が含まれている記事が属するトピックとの間に線を引くと，二部グラフができる．図 6.21 は，同じような単語を持つトピックは近くに配置され，同じトピックに対応する単語も近くに配置されるよう工夫してある．

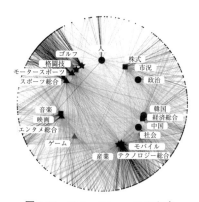

図 6.21　Yahoo!ニュースの記事

以上のように，二部グラフは2種類のものの間の対応関係を図に表すことができるため，社会科学などへの応用が今後広がることが期待される．

6.5 マッチング

ある会社がアルバイトの学生を5人雇った．その5人に頼みたい仕事は，データ集計，ワープロ，窓口業務，簿記，受付の5つである．それぞれの学生ができる仕事を線で結んだところ，図6.15（前出）のようになった．どの学生にどの仕事を割り当てたらよいだろうか．図6.15より，たとえばA–1，B–4，C–2，D–3，E–5と割り当てることができる（図6.22）．

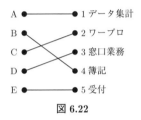

図 6.22

例 6.1 図6.15を見て，他の割り当て方を求めよ．

解 A–3，B–4，C–1，D–5，E–2． □

二部グラフGの頂点集合Vが，図6.23のように2つの集合X, Yに分かれていて，X, Yの大きさが等しいとする．図6.24のようにXのいくつかの頂点を，それぞれYの1つの頂点へ対応させるとき，その対応をグラフGの**マッチング**という．図6.25のようにXのすべての頂点がYの頂点へ対応しているとき，その対応をグラフGの**完全マッチング**という．グラフGの完

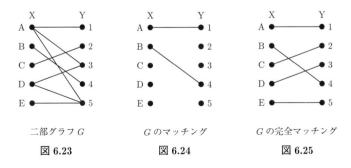

二部グラフG Gのマッチング Gの完全マッチング

図 6.23   **図 6.24**   **図 6.25**

全マッチングは常に存在するとは限らない.

例 6.2　図 6.26 の二部グラフの完全マッチングを 1 つ求めよ.

解　A–1, B–2, C–4, D–3.　□

問 6.5　図 6.27 の二部グラフの完全マッチングを 1 つ求めよ.

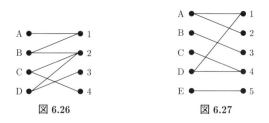

図 6.26　　　　　　図 6.27

6.6　筋交いの問題——二部グラフの応用

図 6.28 のような格子がある[5]. このままでは，横から，または縦から力がかかると，図 6.29 のように歪んでしまう. しかし，筋交いを入れると歪まないようにできる（図 6.30）.

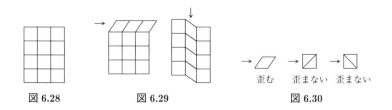

図 6.28　　　　　図 6.29　　　　　　図 6.30

説明のため，格子の横の並びを上から 1 行目，2 行目，3 行目，... と呼ぶこととし，縦の列は左から 1 列目，2 列目，3 列目，... と呼ぶことにする.

図 6.31 のようにすべてのセル（ます）に筋交いを入れると，どこを押しても歪まないが，図 6.32 (1) のように 3 本の筋交いを入れただけでは図 6.32 (2) のように歪む.（注. 平面上の格子であり，歪むときもその平面上で歪むとする. 立体的には考えていない.）

---

[5]本節は「グラフ理論の応用例」(http://microcosm1996.blog12.fc2.com/blog-entry-19.html) と，B. Servatius, Graphs, digraphs, and the rigidity of grids, *The UMAP Journal*, 16, pp.37-63, 1995 (http://users.wpi.edu/b̃servat/) を参考にした.

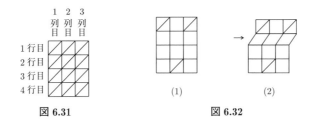

図 6.31　　　　　　　　　図 6.32

どの行，どの列を押しても歪まないようにするには，どこに筋交いを入れたらよいだろうか．筋交いの本数はできるだけ少なくしたいとき，何本の筋交いを入れればよいか．そして，どこに入れたらよいだろうか．

本節では，このような筋交いの問題を考え，二部グラフを適用して解く方法を説明する．

たとえば，図 6.33 (1) のように筋交いを入れると，3 行目を押すと歪んでしまう（図 6.33 (2)）．よく見ると，3 行目が歪むと，それに影響を受けて 3 列目が歪んでいる．なぜなら 3 行 3 列のセルに筋交いが入っているからである．

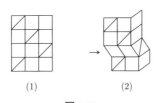

図 6.33

次に図 6.34 (1) を見ると，筋交いが 6 本入っており，どこを押しても歪まない．それを確認するため，次のような二部グラフを描いてみよう．

1 行目，2 行目，3 行目，4 行目と，1 列目，2 列目，3 列目を頂点として，筋交いの入っている所に辺を引く．すると図 6.34 (2) のような二部グラフができる．たとえば 1 行 3 列のセルに筋交いが入っているので，二部グラフの頂点の 1 行目と 3 列目を辺で結ぶ．

1 行目と 3 列目が辺で結ばれているということは，1 行目が歪むときは，それにともない 3 列目が動く（歪む，または斜めに動く）ということを示している（図 6.34 (3)）．そして 3 列目が動けば，辺で結ばれている 3 行目も動く．さらに，3 行目と辺で結ばれている 2 列目も動く．これを続けていくと，すべての行も列も動く．なぜなら，対応する二部グラフは，すべての頂点がつなが

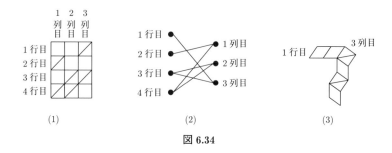

図 6.34

っているからである．よって，この格子は全体として歪まないことが分かる．
（全体が斜めに動くことはあっても，歪まない[6]．）

　次に，図 6.35 (1) の格子はどうだろうか．対応する二部グラフを書いてみ
ると図 6.35 (2) のようになり，連結ではない．2 行目と 2 列目はつながってい
るが，他とはつながっていないからである．したがって，2 行目を押すと 2 列
目が歪み，他には影響しない（図 6.35 (3)）．よって，図 6.35 (1) の格子は歪
むことが分かる．

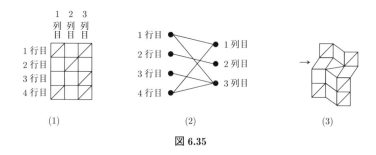

図 6.35

以上をまとめると次のようになる．

まとめ　格子に筋交いが何本か入っている．それに対応する二部グラフが
連結ならば，格子は歪まない．非連結ならば歪む．

　例 6.3　図 6.36 (1) の格子は，上下や左右から力をかけると歪むか．
　解　対応する二部グラフは，図 6.36 (2) のようになる．この二部グラフは

---
[6]たとえば左下の 1 個のセルのみ固定しておけば全体は動かない．

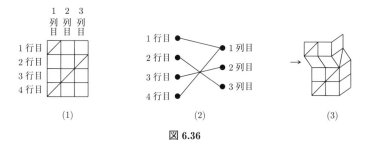

図 **6.36**

非連結である．したがって，この格子は歪む．歪み方の例は図 6.36 (3) を参
照のこと．　□

　問 6.6　図 6.37 の格子は，上下や左右から力をかけると歪むか．

図 **6.37**

　例 6.4　図 6.38 (1) の格子が歪まないようにするには筋交いは少なくとも何
本必要か．

　解　対応する二部グラフは 7 点からなる．7 点を連結させるには，辺は少な
くとも 6 本必要である．（たとえば，図 6.38 (2) のように辺を引くと連結にな
る．）したがって，筋交いは 6 本必要である．　□

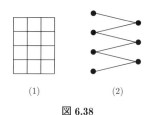

図 **6.38**

　問 6.7　図 6.39 の格子が歪まないようにするには筋交いは少なくとも何本必
要か．

図 **6.39**

＊＊＊キーワード＊＊＊

□偶数サイクル　　　　　　□奇数サイクル　　　　　　□マッチング
□完全マッチング

第6章の章末問題

6.1　図 6.40 (1), (2) のグラフは二部グラフか.

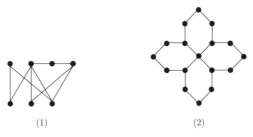

(1)　　　　　　　　　　　　　　(2)

図 6.40

6.2　図 6.41 のグラフについて, 二部グラフには○, 二部グラフでないものには×をつけよ.

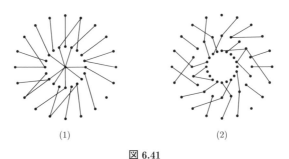

(1)　　　　　　　　　　　　　(2)

図 6.41

6.3　図 6.42 のグラフについて, 二部グラフには○, 二部グラフでないものには×をつけよ.

6.4　完全二部グラフ $K_{m,n}$ の頂点数と辺の本数を求めよ.

6.5　図 6.43 のグラフは二部グラフの例である. にんじん, じゃがいも, 玉ねぎ, 肉があるとき, どの料理が作れるか. また, 次数が最大の野菜は何か.

6.6　二部グラフの適用例を作りなさい.

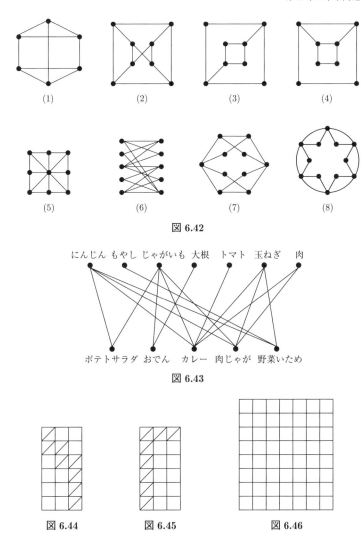

図 6.42

図 6.43

図 6.44　　　図 6.45　　　　図 6.46

6.7　図 6.44 の格子は，上下や左右から力をかけると歪むか.

6.8　図 6.45 の格子は，上下や左右から力をかけると歪むか.

6.9　図 6.46 の格子が歪まないようにするには筋交いは少なくとも何本必要か.

6.10　図 6.47 (1) は 7 本の筋交いが入っていて歪まないが，もし筋交いが 1 本壊れると歪む. どの筋交いが 1 本壊れても大丈夫なように，念のために筋交

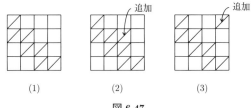

図 **6.47**

いを 1 本追加するとき，(2), (3) のどちらがよいか.

6.11　S 社の新入社員 6 人に配属希望を聞いたところ表 6.1 のようになった.
新入社員全員の希望をかなえるには，どのような配属が考えられるか. ただ
し，どの部にも新入社員を配属するものとする.

表 **6.1**

社員	希望配属先	社員	希望配属先
A	人事部	D	総務部，企画部，営業部
B	人事部，事業部	E	経理部，事業部
C	人事部，事業部，営業部	F	企画部，事業部

6.12　男 6 人女 6 人の計 12 人を，4 人乗りの車 3 台に配車しなさい. ただし，
異性は，面識のあるものを同車させること（表 6.2）. また，どの車も男女が
同数になるようにすること.

表 **6.2**

男	面識のある異性	女	面識のある異性
A	1, 2, 4	1	A, D
B	3, 6	2	A, C, E
C	2, 5	3	B, F
D	1, 4, 5	4	A, D
E	2, 5	5	C, D, E, F
F	3, 5, 6	6	B, F

第7章

木

　本章では，木について学ぶ．木は，コンピュータ科学における重要な概念であり，データの格納，データのソート（並べ替え），情報の探索などでよく用いられる．

7.1　木とは

　サイクルを持たないグラフは **林**（forest）と呼ばれる[1]．連結でサイクルを持たないグラフは **木**（tree）と呼ばれる．林と木の例を図 7.1 に示す．1 点からなるグラフも木である．なぜなら，1 点でもグラフであり，連結であり，かつサイクルを持たないからである．1 点からなるグラフを **自明なグラフ** と呼んだように（第 3 章），1 点からなる木を **自明な木** と呼ぶ．

林　　　　　　　　　　　　木

図 7.1

　例 7.1　図 7.2 (1), (2), (3) のグラフは木か．
　解　(1), (2) は木である．(3) は木でない．　□

---

[1] 森と呼ぶ本もある．

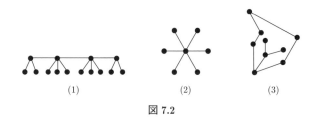

図 **7.2**

問 7.1　図 7.3 (1), (2), (3) のグラフは木か.

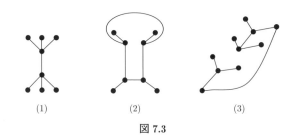

図 **7.3**

例 7.2　図 7.4 に示す 2 つずつの木は同型か.

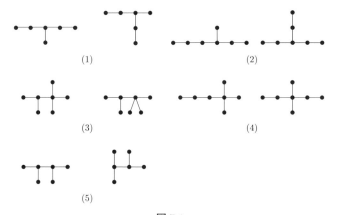

図 **7.4**

解　(1) 同型. (2) 非同型. (3) 同型. (4) 非同型. (5) 同型.　□

問 7.2　図 7.5 に示す 2 つずつの木は同型か.

問 7.3　(1) 木は林か. (2) 林は木か.

グラフにおいて，次数 1 の頂点は **ペンダント点** と呼ばれるが，特に木の場合，次数 1 の頂点は **葉**（リーフ，leaf）と呼ばれる（図 7.6）.

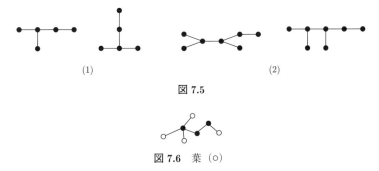

図 7.5

図 7.6　葉（○）

　自明な木を除くと，どの木にも葉が存在する[2]．葉を 1 つ取り去っても木である．（取り去るとき，接続する辺も同時に取り去る．）

7.2　木の列挙

　林は連結のとき木である．林が連結でないとき，それは，いくつかの木に分かれている．したがって，木の性質を調べれば林の性質も分かる．よって，これ以降は木のみ考えることとする．この節では，木としてどのようなものがあるかを把握するため，すべての木を列挙してみよう．その際，グラフとして同型なものは除くことにする．

　グラフの頂点の個数を，そのグラフの **位数** という．位数 1 の木は 1 個しかない (図 7.7 (1))．位数 2 の木も 1 個しかない (図 7.7 (2))．位数 3 の木も 1 個しかない (図 7.7 (3))．このように，位数 1, 2, 3 の木は 1 個ずつしかない．

(1)　　　(2)　　　(3)

図 7.7　位数 1, 2, 3 の木

　それでは位数 4 の木はいくつあるだろうか．図 7.8 に示すように位数 4 の木は 2 個ある．

例 7.3　位数 5 の木はいくつあるか．

解　図 7.9 の 3 個である．□

---

[2]どの木にも葉が存在することは，次のように考えると分かる．木における最長のパスを 1 つ考えると，そのパスの始点と終点は次数 1 である．よって，木には（少なくとも 2 つ）葉が存在する（自明な木は除く）．木でないグラフには，必ずしも次数 1 の頂点があるとは限らない（例: サイクル）．

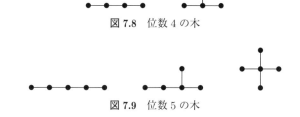

図 **7.8**　位数 4 の木

図 **7.9**　位数 5 の木

問 7.4　位数 6 の木はいくつあるか.（注. 同型な木は除くこと.）

例 7.4　位数 7 の木はいくつあるか.

解　図 7.10 のように 11 個ある.　□

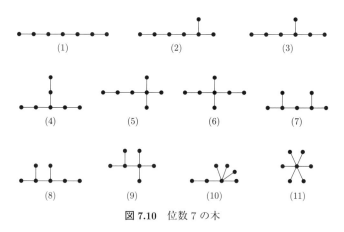

図 **7.10**　位数 7 の木

例 7.5

(1) 位数が 4 の木の辺は何本あるか.

(2) 位数が 5 の木の辺は何本あるか.

解　(1) 図 7.8 より, 位数が 4 の木の辺は 3 本である. (2) 図 7.9 より, 位数が 5 の木の辺は 4 本である.　□

問 7.5

(1) 位数が 6 の木の辺は何本あるか.

(2) 位数が 7 の木の辺は何本あるか.

7.3 木の性質

この節では，木の性質について調べる．グラフの頂点の個数を p，辺の本数を q とおく．そのとき，次が成り立つ．

性質 7.1　木について，$q = p - 1$ が成り立つ．

解説　自明な木は，頂点は 1 個で辺は 0 本であり，性質 7.1 は成り立っている．木を作るには，自明な木から出発して，頂点を 1 個付け加えるごとに辺を 1 本ずつ付け加えていく．つまり，頂点が 1 個増えるごとに辺が 1 本ずつ増えるので，常に性質 7.1 は成り立つことが分かる．このことをきちんと表現すると数学的帰納法になる．以下，性質 7.1 が成り立つことを，グラフの位数（頂点の個数）p についての数学的帰納法で証明する．

証明　グラフの位数 p についての数学的帰納法で証明する．

(i) $p = 1$ のときは頂点は 1 個であり，そのとき辺はないため $q = 0$ である．したがって，性質 7.1 は成り立つ．

(ii) k を 2 以上の整数とする．位数 $k-1$ のグラフにおいて性質 7.1 が成り立つと仮定する．その仮定のもとで，位数 k のグラフにおいて性質 7.1 が成り立つことを示す．

位数 k の任意の木を T とする．T には葉が存在する（前述）．葉の 1 つを w とおく．T から w を除いたグラフ $T - w$ も木である（図 7.11）．

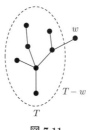

図 7.11

木 $T - w$ の頂点の個数は $k-1$ であるから，帰納法の仮定より，$T - w$ の辺の本数は $(k-1) - 1 = k - 2$ である．T は，$T - w$ に頂点 w および w と接続していた 1 辺を付け加えることで得られる．

したがって T の辺の本数は $k-1$ である．よって，T について性質 7.1 が成り立つ．

(i), (ii) より，すべての位数のグラフについて性質 7.1 が成り立つことが示された．（証明終）

性質 7.2　木のどの頂点からどの頂点へも，行く道（パス）は 1 通りしかない．

証明　木は連結であるから，任意の頂点から任意の頂点へ行く道が 1 つは存在する．もし，それが 2 つあったとすると，図 7.12 のように，サイクルがあることになり，木であることに矛盾する．したがって，頂点から頂点へ行く道は 1 通りしかない．（証明終）

図 7.12

性質 7.3　木において，辺を 1 本付け加えるとサイクルができる．

証明　木の 2 頂点 u と v の間に辺がないとき，辺 $\{u,v\}$ を付け加えたとする．頂点 u から v へは，もともと道が存在している（木は連結より）．その道と，今付け加えた辺 $\{u,v\}$ を合わせると，サイクルができる．（証明終）

性質 7.4　木から辺を 1 本取り去ると，連結ではなくなる．

証明　木 T の任意の辺を $e=\{u,v\}$ とする．T から辺 e を取り去ってできるグラフを $T-e$ と書く（図 7.13）．$T-e$ が連結でないことを示したいが，逆に，連結だったと仮定する．すると，$T-e$ には頂点 v から u への，e を通らない道 P が存在する．元の木 T で考えると，辺 e と道 P を合わせるとサイクルになる．これは，木 T にサイクルがあったことになり矛盾である．したがって $T-e$ は連結ではない．（証明終）

性質 7.5　木や林は二部グラフである．ただし，位数は 2 以上とする．

証明　木や林はサイクルを持たない．第 6 章定理 6.1 (2) より，木や林は二

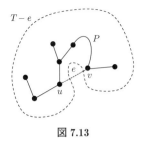

図 **7.13**

部グラフである.（証明終）

例 7.6 図 7.14 は二部グラフか.

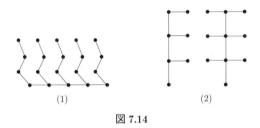

図 **7.14**

解 (1) 木であるから二部グラフである.(2) 林であるから二部グラフである.□

注 木や林は二部グラフであるが，逆に，二部グラフは木や林であるとは限らない.なぜなら，二部グラフにサイクルがある場合があるからである（図 7.15）.

図 **7.15** 二部グラフ

性質 7.6 連結グラフ G において $q = p - 1$ が成り立つとき，G は木である.

証明 G が木でないとする，すなわち，G にサイクルがあったとする.サイクル上の 1 辺を取り除く.まだサイクルがあれば，そのサイクル上の 1 辺を取り除く.これを繰り返して，サイクルがないようにする.そのようにしてできたグラフを H とする.

H は木であり，G と頂点は同一で，辺は G より少ない．

性質 7.1 より，H については辺の本数 = (頂点数 −1) である．G は H より辺の本数が多いため，G については辺の本数は（頂点数 − 1）より大きくなる．これは G の仮定に反する．

よって，G は木であることが分かる．（証明終）

注　p 個の頂点を連結させようとすると，辺は最低でも $p-1$ 本必要である．頂点数を一定としたとき，木は辺の数の一番少ない連結グラフである，ということができる．

問 7.6　グラフの頂点の個数 p と辺の本数 q の間に $q = p-1$ の関係があっても，木とは限らない．$p = 6, q = 5$ であるが木ではないグラフを 1 つ描きなさい．

性質 7.7　林については，$q = p - k$ が成り立つ．ここで k は，林の連結成分の個数である．

7.4　木の中心

一般の連結グラフ G において，2 頂点 u, v の **距離** とは，u から v へ行く道の最小の長さのことであり，$d(u, v)$ と書く．図 7.16 において $d(u, v) = 2$ である．

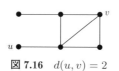

図 7.16　$d(u, v) = 2$

連結グラフ G において，頂点 v から最も遠い頂点までの距離を，頂点 v の **離心数** という．図 7.17 には，各頂点の離心数が書かれている．

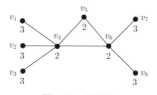

図 7.17　離心数

離心数が最小の頂点を，そのグラフの **中心点** (central point) と呼ぶ．すべての中心点の集合を，グラフの **中心（センター，** center) と呼ぶ．図 7.17 では，G の中心点は v_4, v_5, v_6 であり，G の中心は集合 $\{v_4, v_5, v_6\}$ である．

木の場合，中心に関して次の命題が成り立つ．

定理 7.1　木の中心は，1 点，または隣接する 2 点からなる．

証明　木の位数が 1 のとき，中心は 1 点からなる．木の位数が 2 のとき，中心は隣接する 2 点からなる．以後，位数 3 以上の木 T について考える．

木 T の中心を C とする．葉は中心点ということはあり得ない[3]ので，C は葉を含まない．木 T のすべての葉を取り去ってできる木を T' とおく．T' の中心を C' とおく．T において，すべての葉を取り去っても中心は変わらない[4]．したがって $C' = C$ である．

T' についてもすべての葉を取り去ってできる木を T'' とすると，T'' の中心 C'' も同様に C である．

このように葉を取り去っていくと，最後は位数 2 または 1 の木になる．

したがって，元の木 T の中心は，1 点，または隣接する 2 点からなる．（証明終）[5]

中心が 1 点からなる木を **単心的** (central) といい，中心が 2 点からなる木を **双心的** (bicentral) という[6]（図 7.18）．

(1) 単心的木　　　　　　　　　　(2) 双心的木

図 **7.18**

---

[3]仮に葉 x が中心点だとする．葉 x に隣接する（唯一の）頂点を u とする．x からどの頂点へ行くにも u を通過するため，x よりも u の方が離心数は小さい．これは x が中心点であることに矛盾する．よって葉は中心点ではない．

[4]T の葉でない頂点 u について，u の離心数を s とすると，T' における u の離心数は $s-1$ である．よって，T において離心数が最小の頂点は，T' においてもそうである．したがって，T の中心と T' の中心は一致する．

[5]この証明をきちんと書くと数学的帰納法になる．

[6]ベザット，チャートランド，レスニャック・ホスター（秋山 仁，西関隆夫訳）『グラフとダイグラフの理論』共立出版 (1981), p.52.

　連結グラフ G において，中心点から最も遠い頂点までの距離を G の **半径** という．連結グラフ G のすべての 2 頂点間の距離の最大値を G の **直径** という．

定理 7.2　グラフの半径を r，直径を d とおくと，次が成り立つ．

$$r \le d \le 2r$$

証明略[7].

定理 7.3　木の半径を r，直径を d とおくと，次が成り立つ．
  (1) 木が単心的のとき，$d = 2r$.
  (2) 木が双心的のとき，$d = 2r - 1$.

証明は省略し，木が単心的のときと双心的のときの例を図 7.19 に示す．

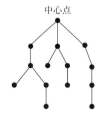

中心点

(1) 単心的木（半径 4，直径 8）

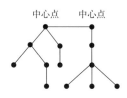

中心点　　中心点

(2) 双心的木（半径 4，直径 7）

図 7.19

例 7.7　図 7.20 の木について，
(1) 各頂点の離心数を求めよ．
(2) 中心点を求めよ．
(3) 半径を求めよ．
(4) 直径を求めよ．

　解　(1) 図 7.20 (2) b, c (3) 3 (4) 5　□

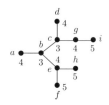

図 7.20　離心数

---

[7]証明は以下のとおりである．$r \le d$ は明らかである．$d = d(u, v)$ とし，中心点の 1 つを c とすると，$d = d(u, v) \le d(u, c) + d(c, v) \le r + r = 2r$．よって $d \le 2r$ を得る．

問 7.7 図 7.21 の木について，

(1) 各頂点の離心数を求めよ．

(2) 中心点を求めよ．

(3) 半径を求めよ．

(4) 直径を求めよ．

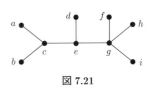

図 **7.21**

7.5 根付き木

根付き木 (rooted tree) とは，1 つの頂点を **根** (root) と指定した木のことである（図 7.22）．根付き木の 2 頂点 u, v が隣接していて，u の方が v より根に近いとき，u は v の **親** であるといい，v は u の **子** であるという．根付き木の 2 頂点 w, v が共通の親を持つとき，w と v は **兄弟** であるという．根付き木の 2 頂点 y, z について，z と根を結ぶパス（道）上に y があるとき，y は z の **先祖** であるといい，z は y の **子孫** であるという．

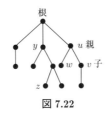

図 **7.22**

根から頂点までの距離を，その頂点の **深さ** (depth) といい（図 7.23），最大の深さを，その根付き木の **高さ** (height) という．

根付き木の場合，子を持たない頂点を葉と呼ぶ（図 7.24）．

図 7.25[8] は根付き木の例であり，その形を見ると英語と日本語の文構造の特徴が分かる．また，組織図も根付き木で表すことができる．本の構成も，目次を見ると分かるように根付き木である．系図も根付き木で表される．図 7.26 も根付き木の例である．

問 7.8 根付き木の例を挙げよ．

---

[8] 岩立志津夫，小椋たみ子編『よくわかる言語発達』ミネルヴァ書房 (2005), p.88.

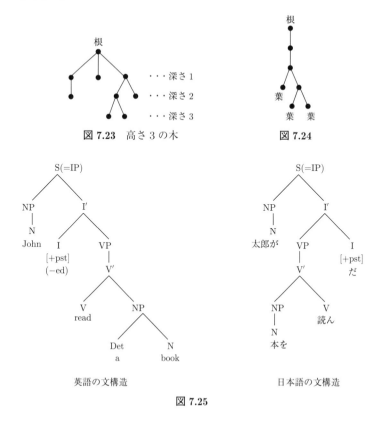

図 7.23　高さ 3 の木

図 7.24

英語の文構造

日本語の文構造

図 7.25

7.6　二 分 木

　根付き木で，どの頂点も子が 2 個以下であり，かつ，子について，左の子か右の子かが明示されているものを **二分木** (binary tree) という．図 7.27 において，(1) と (2) は二分木としては異なる[9]．

　二分木の例を図 7.28 に示す．コンピュータの分野では，二分木を利用するとデータの探索が高速でできるため，二分木は重要である．

---

[9] この意味で，二分木は根付き木の一種ではない．

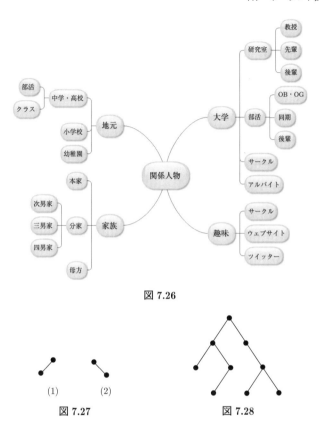

図 **7.26**

図 **7.27**

(1) (2)

図 **7.28**

7.7 ポーランド記法[10]

二項演算 $(+, -, \times, \div)$ を含む式を二分木で表すことができる．たとえば "$(a + b) \times (c + d)$" は図 7.29 のように表すことができる．

この二分木を図の矢印の順に横に並べると，"$\times + ab + cd$" となる．この式は次のように解釈する．二項演算は，すぐあとに続く 2 つの式に対する演算であるとする．したがって "$+ab$" は a と b を足した式を表し，"$+cd$" は c と d を足した式を表す．そして最初の $\times$ は，"$+ab$" と "$+cd$" を掛けることを意

---

[10]この節は省略することができる．

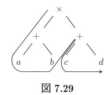

図 7.29

味する．結局，この式は，a と b を足したものと，c と d を足したものを掛けるという式となり，元の式 "$(a+b)\times(c+d)$" と一致する．（なお，上の式は "$\times(+ab)(+cd)$" のように括弧をつけると見やすくなる．）

　二項演算の記号は普通，2つの式の間に書くことになっているが，上の例のように，二項演算の記号を2つの式の前に書く書き方を **ポーランド記法**（または **前置記法**）という．これに対して，二項演算の記号を2つの式の後に書く書き方を **逆ポーランド記法**（または **後置記法**）という[11]．普通の書き方は **中置記法** という．

　ポーランド記法（または逆ポーランド記法）は，括弧（　　）が不要なことに特長がある．たとえば，通常の記法の "$a+b\times c$" は，"$(a+b)\times c$" と "$a+(b\times c)$" の両方があり得るため，括弧をつけないと，あるいは演算の優先順序を決めておかないと，どちらなのかが分からないが，ポーランド記法では，"$(a+b)\times c$" は "$\times+abc$"，"$a+(b\times c)$" は "$+a\times bc$" となり，括弧がなくても区別できる．これらを二分木で書くと図 7.30 のようになる．

(1) $\times+abc$ 　　　　　　　　 (2) $+a\times bc$

図 7.30

例 7.8

(1) "$((a+b)+c)\div(d-e)$" を二分木で表し，ポーランド記法で表しなさい[12]．

---

[11] ポーランド記法の "$\times+ab+cd$" は，逆ポーランド記法では "$ab+cd+\times$" となる．

[12] 二項演算 $+,-,\times,\div$ の他に，等号 "$=$" を含んだ式も二分木で表したりポーランド記法で表すことができる．

(2) "$\times a + b - cd$" を二分木で表し, 通常の記法に直しなさい.

解 (1) 図 7.31, "$\div + + abc - de$" (2) 図 7.32, "$a \times (b + (c - d))$" □

図 **7.31**　　図 **7.32**

問 7.9

(1) "$(a - b) \times (c - d)$" をポーランド記法で表しなさい.

(2) "$\times + ab + cd$" を通常の記法に直しなさい.

7.8 グラフの全域木

図 7.33 の連結グラフを G とし, G の頂点集合を V とする.

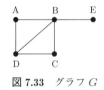

図 **7.33**　グラフ G

G には, 木である部分グラフがいくつかある. その中で, 頂点集合が V と一致するものを G の **全域木** という (図 7.34).

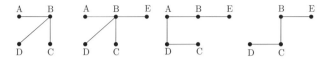

(1) G の全域木でない　(2) G の全域木　　(3) G の全域木　(4) G の全域木でない

図 **7.34**

例 7.9 図 7.33 のグラフ G の全域木をすべて求めよ.

解　図 7.35　□

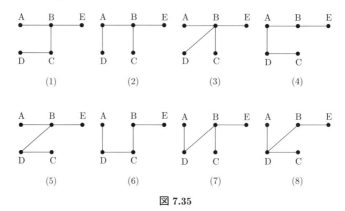

図 **7.35**

問 7.10　図 7.36 のグラフの全域木は何個あるか．そのすべてを求めよ．

図 **7.36**

＊＊＊キーワード＊＊＊

□林（forest）　　　　□木（tree）　　　　□自明な木
□ペンダント点　　　□葉　　　　　　　　□位数
□距離　　　　　　　□離心数　　　　　　□中心点
□中心（センター）　□単心的　　　　　　□双心的
□半径　　　　　　　□直径　　　　　　　□根付き木
□根　　　　　　　　□親　　　　　　　　□子
□兄弟　　　　　　　□先祖　　　　　　　□子孫
□深さ　　　　　　　□高さ　　　　　　　□二分木
□ポーランド記法　　□前置記法　　　　　□逆ポーランド記法
□後置記法　　　　　□中置記法　　　　　□全域木

第 7 章の章末問題

7.1　図 7.37 のグラフで，木には〇，木でないものには×をつけよ．

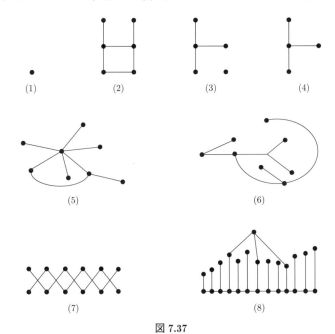

図 **7.37**

7.2　図 7.38 のグラフで，木には〇，木でないものには×をつけよ．

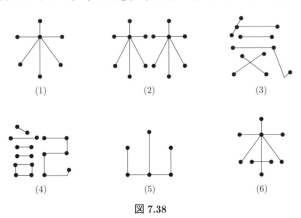

図 **7.38**

7.3　図 7.39 の (1)〜(4) の木は同型か．同型なら○，同型でなければ×をつけよ．

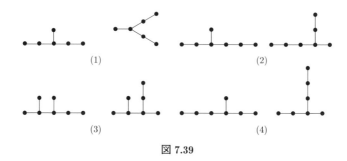

図 **7.39**

7.4　図 7.40 はマッチ棒で作成したグラフである．マッチ棒の両端をグラフの頂点とする．木にするには，マッチ棒を少なくとも何本動かせばよいか．

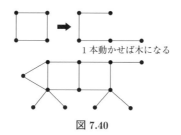

図 **7.40**

7.5　図 7.41 のグラフの全域木は何個あるか．そのすべてを求めよ．

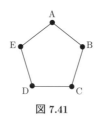

図 **7.41**

7.6

(1) 高さ 3 の二分木の頂点の個数の最大値と最小値を求めよ．

(2) 高さ n の二分木の頂点の個数の最大値と最小値を求めよ（n は 2 以上の整数とする）．

7.7　図 7.42[13] の木において，「ペン」の深さを求めよ．

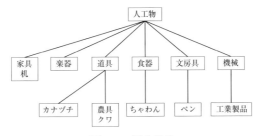

図 7.42　概念構造

7.8　図 7.43 について (1) の 2 つの木は同型か．また，(2) の 3 つの木は同型か．

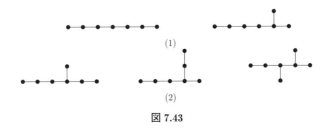

図 7.43

7.9　図 7.44 の木について，

(1) 半径を求めよ．

(2) 直径を求めよ．

図 7.44

7.10[14]

(1) "$(a+b) \times c - (d+e) \div f$" をポーランド記法で表しなさい．

(2) ポーランド記法の "$\times + \div + abcd + ef$" を通常の記法に直しなさい．

---

[13]杉原厚吉，伊理正夫「2 部グラフの分割理論を利用した概念構造決定法」『オペレーションズ・リサーチ』1978 年 8 月号 (1978)，pp.504-510.

[14]7.7 節を省略した場合はこの問題も省略すること．

第8章

サイクル分解とその応用

　本章は，主に完全グラフのサイクル分解を取り上げ，関連する応用問題にも触れる．グラフを利用した巧みな解法を紹介することが本章の目的である．

8.1　オイラーグラフとハミルトングラフ

　グラフ G の **オイラー路** とは，G のすべての辺を1回ずつ通る歩道（walk）のことである（図8.1）．オイラー路のうち，特に始点と終点が一致しているものを **オイラー閉路** といい（図8.2），オイラー閉路を持つグラフを **オイラーグラフ** という．

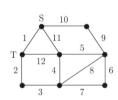

図8.1　オイラー路（始点 S，終点 T，番号は道順）

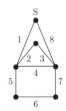

図8.2　オイラー閉路（S は始点かつ終点，番号は道順）

　オイラー路はどのグラフにも存在するとは限らない．オイラー路を持つことと，グラフが一筆書きできることは同じである．オイラー路が存在するためのグラフの必要十分条件は「オイラーの一筆書き定理」として知られている．グラフにおいて，次数が奇数の頂点を **奇点** と呼ぶ．

定理 8.1（オイラーの一筆書き定理）[1]　グラフにオイラー路が存在するための必要十分条件は，グラフに奇点が高々 2 個しかないことである．奇点が 2 個のときは，その 2 個の奇点がオイラー路の始点と終点である．奇点が 0 個のときはオイラー閉路が存在する．

　グラフ G の **ハミルトンパス** とは，G のすべての頂点を 1 回ずつ通るパスのことであり（図 8.3），グラフ G の **ハミルトンサイクル** とは，G のすべての頂点を 1 回ずつ通る閉路のことである（図 8.4）[2]．ハミルトンサイクルを持つグラフを **ハミルトングラフ** と呼ぶ．

図 8.3　ハミルトンパス（太線）　　**図 8.4**　ハミルトンサイクル（太線）

問 8.1　図 8.5 のグラフはオイラーグラフか．

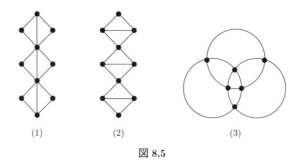

(1)　　　　　　(2)　　　　　　(3)

図 8.5

問 8.2　図 8.6 のグラフはハミルトングラフか．

---

[1] 証明はたとえば，拙著『文科系の応用数学入門（増補版）』牧野書店 (2005) などにある．
[2]「グラフ G のパス，閉路」とは，グラフ G の頂点と辺を使ってできるパス，閉路のことである．

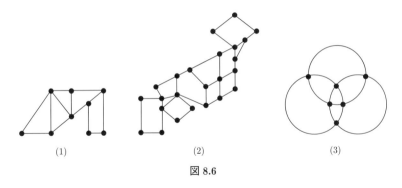

図 8.6

8.2 完全グラフのハミルトンサイクル分解

位数（頂点の個数）が n の完全グラフ K_n を考える．完全グラフ K_n のハミルトンサイクルはたくさんある．たとえば図 8.7 (1) の K_7 のハミルトンサイクルは (2), (3), (4) などである．このうち (2), (3) は辺 $\{1,3\}$ と $\{4,5\}$ が重複しているが，(3) と (4) には辺の重複はない．辺が重複しないようなハミルトンサイクルはいくつ作れるだろうか．

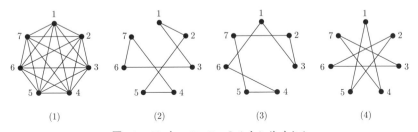

図 8.7 K_7 と，K_7 のハミルトンサイクル

$n = 7$ を例に説明する．頂点を図 8.8 のように，真中に 1 点，円周上に 6 点を並べる．真中の頂点は ∞ としているが，無限大という意味はなく単なる記号である．まず図 8.8 (1) のハミルトンサイクル H_0 を作る．このハミルトンサイクルを 1 目盛りずつ回転させて (2)H_1, (3)H_2 を作る．半回転（180°回転）させると元の図 (1) と一致するので，その手前で止める．H_0, H_1, H_2 を合わせると K_7 になるが，それはなぜだろうか．

回転させる元となった H_0 の各辺の長さを調べてみよう．**辺の長さ** とは，

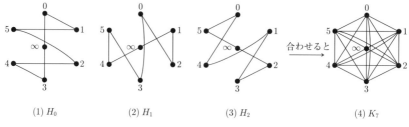

(1) H_0 (2) H_1 (3) H_2 (4) K_7

図 8.8　K_7 のハミルトンサイクル分解（H_0, H_1, H_2）

図 8.9 のように辺の両端点が何目盛り離れているかを表す数のことである（た
だし，近い側から計る．図の○付き数字が辺の長さを表す）．真中の頂点 ∞
を通る辺の長さは ∞ としておく．H_0 には各辺の長さが 1, 2, 3, ∞ の辺が 2
本ずつ点対称（180° 回転対称）の位置にある（図 8.10）.

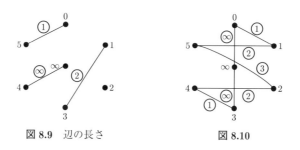

図 8.9　辺の長さ　　　　　　　　**図 8.10**

　ハミルトンサイクル H_0, H_1, H_2 は，それらを重ね合わせたとき辺が重な
ることなく，しかも K_7 のすべての辺を 1 回ずつカバーしている．なぜなら，
K_7 の辺は長さが 1, 2, 3, ∞ のいずれかであるので，H_0 を半回転すると，H_0
のどれかの辺に重なるからである.

　H_0, H_1, H_2 を合わせると K_7 になるということは，表現を変えると，K_7 の
辺集合が 3 個のハミルトンサイクル H_0, H_1, H_2 に分解されたともいえる.

　このように，完全グラフ K_n のすべての辺がいくつかのハミルトンサイクル
に分解されるとき，これらのハミルトンサイクルの集合を，完全グラフ K_n の
ハミルトンサイクル分解（または単に **ハミルトン分解**）という．上の例では，
$\{H_0, H_1, H_2\}$ は K_7 のハミルトンサイクル分解である．回転させる出発点と
なる H_0 を **スターター** と呼んでいる.

　n が奇数のときは，この方法で K_n のハミルトンサイクル分解を作ることが

できる．この分解は「ヴァレツキ（Walecki）分解」と呼ばれている[3]．

n が偶数のときは，完全グラフ K_n のハミルトンサイクル分解は存在しない．なぜなら，n が偶数のとき K_n の1個の頂点から奇数本の辺が出ているが，ハミルトンサイクルはそれらの辺を2本ずつ通るからである．

例 8.1

(1) 完全グラフ K_5 のハミルトンサイクル分解を1つ作りなさい．

(2) 完全グラフ K_9 のハミルトンサイクル分解を1つ作りなさい．

解 (1) 図 8.11 (2) 図 8.12 □

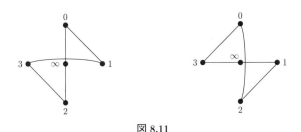

図 8.11

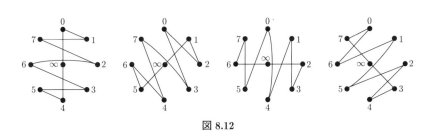

図 8.12

問 8.3 完全グラフ K_{11} のハミルトンサイクル分解を1つ作りなさい．

8.3 完全二部グラフのハミルトンサイクル分解

次に，完全二部グラフ $K_{n,n}$ のハミルトンサイクル分解を作ってみよう．それは，$K_{n,n}$ の辺全体をいくつかのハミルトンサイクルに分解するものであ

[3]B. Alspach, The wonderful Walecki construction, *Bull. Inst. Combin. Appl.* **52** (2008), pp.7-20.

る．たとえば，完全二部グラフ $K_{4,4}$ には，図 8.13 のようなハミルトンサイク
ル分解を作ることができる．n が偶数のときは，これと同じ方法で完全二部グ
ラフ $K_{n,n}$ のハミルトンサイクル分解を作ることができる．

図 8.13　$K_{4,4}$ のハミルトンサイクル分解

　n が奇数のときは，$K_{n,n}$ のハミルトンサイクル分解は存在しない．1 頂点
から出ている辺の本数が奇数だからである．

　例 8.2　完全二部グラフ $K_{6,6}$ のハミルトンサイクル分解を 1 つ作りなさい．

　解　図 8.14

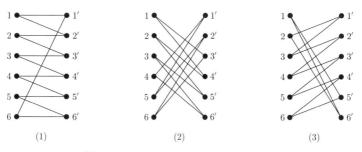

図 8.14　$K_{6,6}$ のハミルトンサイクル分解

　問 8.4　完全二部グラフ $K_{8,8}$ のハミルトンサイクル分解を 1 つ作りなさい．

8.4　完全グラフのハミルトンサイクル分解の応用

　この節では，スターターをうまく作り，それを回転させて解が得られるよう
な問題を考える．

8.4.1　丸テーブルの座り方

　7 人のゼミ仲間が合宿へ行く．そこではゼミを 3 回行う予定である．ゼミは
1 つの丸テーブルを囲んで行う．どの人ともちょうど 1 回ずつ隣りに座るよう
にするには，3 回の座席をどのように決めたらよいだろうか．

この問題の解は，K_7 のハミルトンサイクル分解（図 8.8）で与えられる．頂点を人，辺を隣り同士とすると，図 8.8 をほどくと下の座り方が得られる．どの 2 人も 1 回ずつ隣りになっているか各自で確認してほしい．たとえば 1 と 2 は 2 回目で隣りになっている．0 と 5 は 3 回目で，4 と ∞ は 2 回目で，隣りになっている．

1 回目：$\infty - 0 - 1 - 5 - 2 - 4 - 3 - \infty$（戻る），

2 回目：$\infty - 1 - 2 - 0 - 3 - 5 - 4 - \infty$（戻る），

3 回目：$\infty - 2 - 3 - 1 - 4 - 0 - 5 - \infty$（戻る）．

8.4.2 試合の対戦表

(1) チーム数が偶数のとき

テニスのダブルスの 8 チームが総当たり戦（リーグ戦）を行う．1 日にどのチームも 1 回ずつ試合を行うと，7 日間ですべての試合が終わる[4]．7 日間の試合の対戦表を作ってみよう．

図 8.8 のハミルトンサイクルの作り方を応用して図 8.15 (1) を作る．チーム名は ∞, 0, 1, 2, 3, 4, 5, 6 とし，図 8.15 (1) が 1 回目の対戦相手を表している．辺を 1 回転させると次々に対戦相手が決まり，対戦表が得られる．

$$(1) \quad \infty - 0, \quad 1 - 6, \quad 2 - 5, \quad 3 - 4$$
$$(2) \quad \infty - 1, \quad 2 - 0, \quad 3 - 6, \quad 4 - 5$$
$$(3) \quad \infty - 2, \quad 3 - 1, \quad 4 - 0, \quad 5 - 6$$
$$(4) \quad \infty - 3, \quad 4 - 2, \quad 5 - 1, \quad 6 - 0$$
$$(5) \quad \infty - 4, \quad 5 - 3, \quad 6 - 2, \quad 0 - 1$$
$$(6) \quad \infty - 5, \quad 6 - 4, \quad 0 - 3, \quad 1 - 2$$
$$(7) \quad \infty - 6, \quad 0 - 5, \quad 1 - 4, \quad 2 - 3$$

この対戦表では，どの 2 チームもちょうど 1 回ずつ対戦している．その理由は，各辺の長さが図 8.16 のように ∞, 1, 2, 3 であるため，1 回転（360° 回転）させると，すべての辺を 1 回ずつカバーするからである．

---

[4] 8 チームの総当たり戦においては，どのチームも 7 回ずつ試合を行うからである．

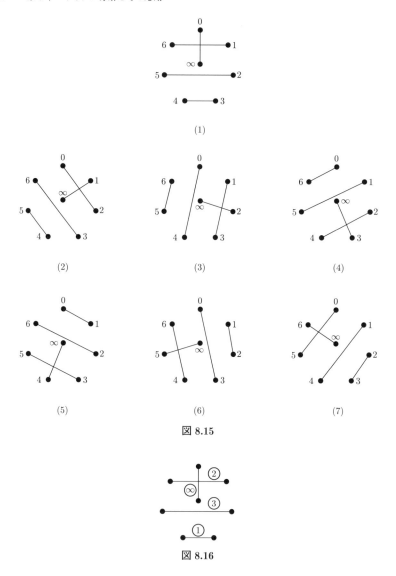

図 8.15

図 8.16

(2) チーム数が奇数のとき

　チーム数が奇数のときは，どのように対戦表を作ればよいだろうか.

　0, 1, 2, 3, 4, 5, 6 の 7 チームの場合を考えてみよう. 1 日に 6 チームが試合を行い, 残りの 1 チームは休みとする. どのチームも, 自分以外の 6 チーム

と試合をし，1回休むため，すべての試合が終わるのに7日間必要である．その7日間の対戦表を作ってみよう．

7チームに1チーム（チーム名は ∞ とする．実際には存在しないダミーチームである）を加えて8チームとし，8チームの7日間の対戦表を前項のように作る．その対戦表において，∞ と対戦するチームは休みとする．これで，下記のような7チームの対戦表が得られる．

$$
\begin{aligned}
&(1)\quad 0\,(休),\quad 1-6,\quad 2-5,\quad 3-4\\
&(2)\quad 1\,(休),\quad 2-0,\quad 3-6,\quad 4-5\\
&(3)\quad 2\,(休),\quad 3-1,\quad 4-0,\quad 5-6\\
&(4)\quad 3\,(休),\quad 4-2,\quad 5-1,\quad 6-0\\
&(5)\quad 4\,(休),\quad 5-3,\quad 6-2,\quad 0-1\\
&(6)\quad 5\,(休),\quad 6-4,\quad 0-3,\quad 1-2\\
&(7)\quad 6\,(休),\quad 0-5,\quad 1-4,\quad 2-3
\end{aligned}
$$

その理由は以下のとおりである．この対戦表は，8チームの対戦表を使っているので，0, 1, 2, 3, 4, 5, 6 のどの2チームも1回ずつ対戦していることは明らかである．次に，0, 1, 2, 3, 4, 5, 6 のどのチームも ∞ と1回ずつ対戦しているので，1回ずつ休むことも分かる．

このように8チームの対戦表を利用して7チームの対戦表が得られた．この方法でチーム数が奇数のときの対戦表を作ることができる．

問 8.5　10チームの総当たり戦の対戦表を作りなさい．ただし，どのチームも1日に1回ずつ試合を行うこととする．

問 8.6　9チームの総当たり戦の対戦表を作りなさい．ただし，1日に8チームが試合を行い，1チームは休みとする．前問の解を利用すること．

8.4.3　グループの組合せ

K先生の基礎演習は7名の学生が受講している．毎回3名がグループになり1つのテーマを調べて発表することになっている．基礎演習は7回行われる．発表グループを出席番号順に $\{1,2,3\}, \{4,5,6\}, \{7,1,2\}, \{3,4,5\}, \{6,7,1\}, \{2,3,4\}, \{5,6,7\}$ と決めると，どの学生も3回ずつ発表するが，2回同じグループになる人もいれば，1度も同じグループにならない人もいる．

　K先生としては，同じ人と何度も組まないで，いろいろな人と組むように発表グループを作りたい．7回の発表グループをどのように作ったらよいだろうか．

　グラフを利用して考えてみよう．7人を 0, 1, 2, 3, 4, 5, 6 とし，図 8.17 のように円周上に並べる．

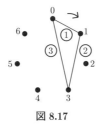

図 8.17

　0, 1, 3 の 3 人を結ぶと，3 本の辺の長さは 1, 2, 3 となっている．この 3 角形を 1 回転すると K_7 のすべての辺がカバーされる[5]．つまり，7 人のうちのどの 2 人も，どこかの回で同じグループに入ることになる．したがって以下のような解が得られる．この組合せは，全員が 3 回ずつ発表し，しかもどの 2 人も 1 回だけ同じグループに属している．

　　発表グループ：$\{0,1,3\}, \{1,2,4\}, \{2,3,5\}, \{3,4,6\}$,
　　　　　　　　　$\{4,5,0\}, \{5,6,1\}, \{6,0,2\}$

8.4.4　カークマンの 15 人の女生徒の問題[6]

　15 人の女生徒が，毎日 3 人ずつの 5 グループに分かれて散歩をする．毎日違う人とグループになるように 1 週間の組合せ表を作りなさい．

　この問題は 1850 年にカークマンによって出された有名な問題である．

　ある女生徒に注目すると，1 日に一緒に散歩をするのは 2 人であるから，14 人すべてと散歩をするには 7 日間必要である．

　15 人の人を $\infty, 0, 1, 2, 3, 4, 5, 6, 0', 1', 2', 3', 4', 5', 6'$ とし，∞ を中心に 2 つの同心円上に配置する．そして図 8.18 のように 5 つのグループを作り，それらを 1 目盛りずつ回転させていくと 7 日間の組合せ表（表 8.1）が得られる

---

[5]なぜなら，円周上に 7 点を並べるとき，K_7 の辺は長さが 1, 2, 3 のいずれかであるからである．
[6]「9 人の男子生徒の問題」というものもある (H. E. Dudeney, *Amusements in Mathematics*, Dover Publications (1970), p.80).

が，詳しい説明は省略する．

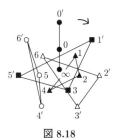

図 8.18

表 8.1

月	$\infty, 0, 0'$	$1, 2, 4$	$1', 3, 5'$	$2', 3', 6$	$5, 4', 6'$
火	$\infty, 1, 1'$	$2, 3, 5$	$2', 4, 6'$	$3', 4', 0$	$6, 5', 0'$
水	$\infty, 2, 2'$	$3, 4, 6$	$3', 5, 0'$	$4', 5', 1$	$0, 6', 1'$
木	$\infty, 3, 3'$	$4, 5, 0$	$4', 6, 1'$	$5', 6', 2$	$1, 0', 2'$
金	$\infty, 4, 4'$	$5, 6, 1$	$5', 0, 2'$	$6', 0', 3$	$2, 1', 3'$
土	$\infty, 5, 5'$	$6, 0, 2$	$6', 1, 3'$	$0', 1', 4$	$3, 2', 4'$
日	$\infty, 6, 6'$	$0, 1, 3$	$0', 2, 4'$	$1', 2', 5$	$4, 3', 5'$

8.4.5　麻雀の組合せ

　16 人が 4 人ずつ分かれて麻雀を行う．麻雀の卓は 4 つあり，16 人が同時に行うことができる．毎回異なるメンバーと麻雀ができるように組合せ表を作ってみよう．

　1 人の人に注目すると，1 回につき 3 人と対戦するので，15 人すべてと対戦するには 5 回麻雀を行う必要がある．

　16 人の人を ∞, 0, 1, 2, 3, 4, 5, 6, 7, 8, 9, 10, 11, 12, 13, 14 とし，∞ を中心に円周上に 15 点を配置する．試行錯誤の末に図 8.19 を作り，図を 1/3 回転させると，求める組合せが得られる．その理由は，各辺の長さ（図の○付き数字）を調べることで分かるが，詳しい説明は省略する．

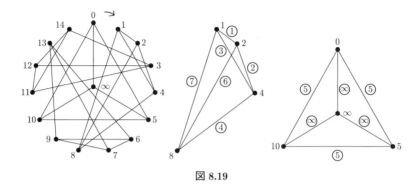

図 8.19

表 8.2

第 1 回	$\infty, 0, 5, 10$	1, 2, 4, 8	6,7,9,13	11,12,14,3
第 2 回	$\infty, 1, 6, 11$	2, 3, 5, 9	7,8,10,14	12,13,15,4
第 3 回	$\infty, 2, 7, 12$	3, 4, 6, 10	8,9,11,15	13,14,0,5
第 4 回	$\infty, 3, 8, 13$	4, 5, 7, 11	9,10,12,0	14,15,1,6
第 5 回	$\infty, 4, 9, 14$	5, 6, 8, 12	10,11,13,1	15,0,2,7

8.5 完全二部グラフのハミルトンサイクル分解の応用

8.5.1 丸テーブルの男女交互の座り方

　男子 4 人, 女子 4 人の計 8 人がいる. 男女が交互になるように 1 つの丸テーブルに何回か座るとき, どの男女も 1 回ずつ隣りになるように座らせたい. そのための座席表を作ってみよう.

　1 人の人に注目すると, 異性は 4 人いて 1 回につき 2 人の異性と隣りになるため, 4 人の異性と隣りになるためには 2 回座ればよい.

　完全二部グラフ $K_{4,4}$ において, 男子を 1, 2, 3, 4, 女子を $1', 2', 3', 4'$ とすると, 前出の図 8.13 のハミルトンサイクル分解が求める座席表を与えている.

　　　1 回目：1 – $1'$ – 4 – $4'$ – 3 – $3'$ – 2 – $2'$ – 1（戻る）,

　　　2 回目：1 – $3'$ – 4 – $2'$ – 3 – $1'$ – 2 – $4'$ – 1（戻る）.

どの男女も 1 度ずつ隣りになっていることを確認してみよう. たとえば 1 は,

$1'$ と $2'$ とは 1 回目に隣りに，$3'$ と $4'$ とは 2 回目に隣りになっている．

8.5.2 男女ペアの組合せ

S 先生の小クラスは男女 5 名ずつの 10 名からなっている．10 名が男女のペア 5 組に分かれて何回かボランティア実習に行くときの組合せ表を作りたい．ペアの相手が毎回異なるようにしたいとき，組合せ表をどのように作ったらよいか．

完全二部グラフ $K_{5,5}$ において男子を $1, 2, 3, 4, 5$，女子を $1', 2', 3', 4', 5'$ として図 8.20 を作ると，求める組合せ表が得られる．ボランティア実習に行く回数は 5 回である．どの男女も 1 度だけペアになっていることを確認してほしい．たとえば 3 と $3'$ は 1 回目で，3 と $4'$ は 2 回目でペアになっている．

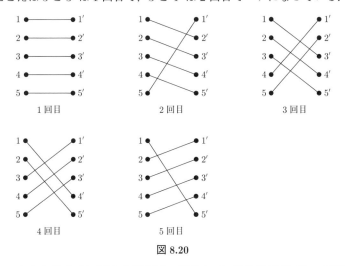

図 8.20

以上のような組合せに関する問題は，総称して **組合せデザイン** の問題と呼ばれている．「デザイン」とは「バランスのとれた配置」という意味である．

この章では，いろいろな組合せデザインを紹介した．組合せデザインの作り方の詳しい説明は省略したため，自分で実際に作ることが難しいものも含まれている．この章では，種々の組合せデザインの構成にグラフが応用できることを理解して，それらの単純な美しさを感じてもらえれば十分である．

組合せデザインは，J リーグなどのスポーツスケジューリングや通信システムで重要な役割を果たす符号理論，また統計学の一分野である実験計画法など

に応用されている．パズルのような問題が実用の場面に応用されることは興味
深い．

* * * キーワード * * *

□オイラー路 　　　　　　□オイラー閉路 　　　　　□オイラーグラフ
□ハミルトンパス 　　　　□ハミルトングラフ 　　　□辺の長さ
□ハミルトンサイクル分解 　□ハミルトン分解 　　　　□スターター
□組合せデザイン

第 8 章の章末問題

8.1 図 8.21 のグラフはオイラーグラフか．

(1) 　　　　　　　　　　　　　　　(2)

図 **8.21**

8.2 図 8.22 のグラフはハミルトングラフか．

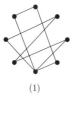

(1) 　　　　　　(2) 　　　　　　(3)

(4) 　　　　　　(5) 　　　　　　(6)

図 **8.22**

8.3　4 チーム A, B, C, D の総当たり戦の第 1 節から第 3 節までの対戦表を作りなさい．ただし，どのチームも 1 節に 1 回ずつ試合を行うこととする．

8.4　5 チーム A, B, C, D, E の総当たり戦の第 1 節から第 5 節までの対戦表を作りなさい．ただし，1 節に 4 チームが試合を行い，1 チームは休みとする．

8.5　表 8.3 は，テニスのダブルスの各チームのメンバー表である．同じ人が連続して出場することのないように，5 チームの出場順を決めよ．

8.6　結婚式に友人 7 人（A, B, C, D, E, F, G）を招く予定である．その 7 人を 1 つの丸テーブルに座らせたいが，隣りは知合いになるようにしたい（表 8.4）．どのように丸テーブルの席順を決めればよいか．

表 8.3

チーム	メンバー
A	b, c
B	b, e
C	a, f
D	a, b
E	d, f

表 8.4

友人	知合い
A	C, E
B	D, F
C	A, F
D	B, E, G
E	A, D, G
F	B, C
G	D, E

8.7　あるスーパーでは，本部が定期的に 12 店舗（A, B, C, ..., L）を巡回している（図 8.23）．同じ道を 2 度通らないような巡回ルートはあるか．あれば，そのルートを 1 つ求めよ．

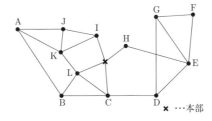

図 8.23

点彩色とその応用

　この章では，グラフの頂点に色を塗る問題を考え，その応用例をいくつか紹介する．この章は，平面的グラフの点彩色や，地図の塗り分け問題の基礎となる章である．

9.1　点 彩 色

　グラフの **点彩色** とは，隣接する 2 頂点には異なる色を塗るというルールで，すべての頂点に色を塗ることをいう．

　図 9.1 のグラフを点彩色してみよう．何色あれば点彩色ができるだろうか．グラフ G の位数（頂点の個数）は 6 であるから，6 色あれば点彩色が可能である．しかし，図 9.2 のように工夫すれば 3 色で足りる（色は番号 1, 2, 3 で表している）．この章では，できるだけ少ない色で塗ることを考える．

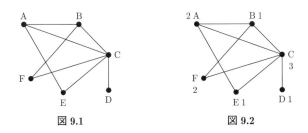

図 9.1　　　　　　　　　図 9.2

　グラフが n 色以下で点彩色ができるとき，そのグラフは **n 彩色可能** であるという．図 9.1 のグラフは 3 色で塗れるから，3 彩色可能である．もちろん

4色でも塗れるから4彩色可能でもある．2色では塗れないので2彩色可能で
はない．なぜ2色で塗れないかというと，頂点 A, B, C はどの2頂点も隣接
している，つまり，3角形をなしているため，この3頂点には異なる色を塗ら
なければならないからである．

9.2 彩色数

　グラフ G を点彩色するときに最低限必要な色の数を，そのグラフの **彩色数**
という．グラフ G の彩色数を $\chi(G)$ と書く．（χ はギリシャ文字で，カイと読
む．）図9.1のグラフの彩色数は3であるので $\chi(G) = 3$ である．

　例9.1　車輪グラフ W_6 の彩色数 $\chi(W_6)$ を求めよ (図9.3 (1))．

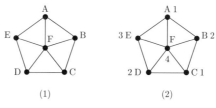

(1)　　　　　　　(2)

図 9.3

　解　図9.3 (2)のように塗れば4色で塗れる．しかし3色では塗れない．そ
の理由は次のとおりである．頂点 A, B, C, D, E を塗るのに3色必要である．
中央の頂点 F は，それらのどの色とも異なる必要があるため，第4の色を使
わなければならない．したがって $\chi(W_6) = 4$ である．　　□

　例9.2　図9.4 (1)のグラフ G の彩色数 $\chi(G)$ を求めよ．

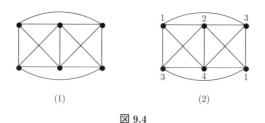

(1)　　　　　　　(2)

図 9.4

　解　$\chi(G) = 4$ (図9.4 (2))．　　□

問 9.1　パス P_6，サイクル C_6，完全グラフ K_4，完全二部グラフ $K_{3,4}$ の彩色数を求めよ（図 9.5）．

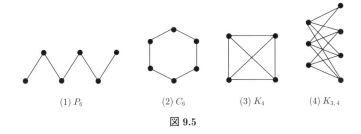

(1) P_6　　　　(2) C_6　　　　(3) K_4　　　　(4) $K_{3,4}$

図 9.5

問 9.2　ペテルセングラフの彩色数を求めよ（図 9.6）．

図 9.6

例 9.3　二部グラフの彩色数を求めよ．ただし，辺は 1 本以上あるとする．

解　彩色数は 2 である（図 9.7 参照）．　□

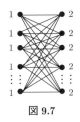

図 9.7

問 9.3　図 9.8（次ページ）のグラフの彩色数を求めよ．

　グラフを彩色するとき，次数の大きい頂点から色を塗るとよい．また，グラフの中にある完全グラフ K_n に着目して，その部分は n 色で塗る必要があることに注意する．たとえば K_3（3 角形）は 3 色，K_4 は 4 色で塗る必要がある．

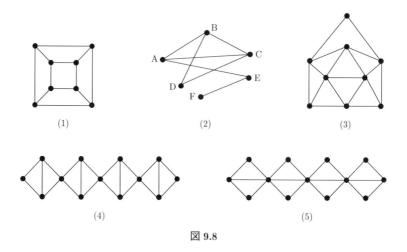

図 9.8

9.3　2 彩色可能なグラフ

　グラフが 2 彩色可能かどうかは次のようにすると分かる．色は 1, 2 の 2 色を用意する．どの頂点でもよいので 1 つの頂点に色 1 を塗る．その頂点と隣接しているすべての頂点に色 2 を塗る．色 2 の頂点と隣接しているすべての頂点に色 1 を塗る．これを可能な限り繰り返す．

　同じ色の頂点が隣接することなく，すべての頂点に色 1, 2 が塗れれば，2 彩色可能である．

> **定理 9.1**　グラフ G について，次の (1), (2) は同値である．ただしグラフ G の頂点の個数は 2 以上としておく．
>   (1) グラフ G は 2 彩色可能である．
>   (2) グラフ G は二部グラフである．

証明

(1) → (2)　まず，グラフ G の頂点が色 1, 2 に塗り分けられているときは，頂点は色 1 と色 2 の 2 つのグループに分けられており，同じグループの頂点は隣接していない．したがって G は二部グラフである（図 9.9）．次に，グラフ G の頂点が色 1 のみで塗られているときは，G は辺が存在しないグラフで

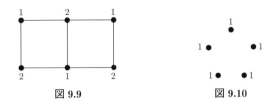

図 9.9   図 9.10

ある（図 9.10）．したがってグラフ G は二部グラフである．

(2) → (1)　二部グラフは，頂点が第 1 グループと第 2 グループに分けられ，同じグループ内の頂点は隣接していない．第 1 グループの頂点には色 1 を，第 2 グループの頂点には色 2 を塗ると，すべての頂点は 2 色で塗れる．よって，2 彩色可能である．（証明終）

問 9.4　図 9.11 のグラフは 2 彩色可能か．

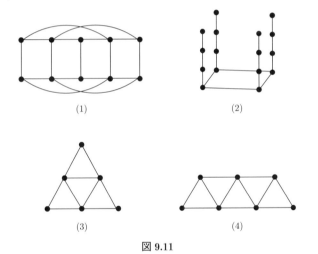

(1)   (2)

(3)   (4)

図 9.11

9.4　彩色数と最大次数の関係

完全グラフ K_n の彩色数は n である．なぜなら，K_n はどの 2 頂点も隣接しているため，すべての頂点に異なる色を塗らなければならないからである．このように，グラフに辺がたくさんあれば，彩色のために必要な色の数は多くなることから，グラフの辺の数と彩色数は関係がある．

また，グラフの彩色数は，頂点の次数の最大値とも関係がある．グラフ G

の頂点の次数の最大値を，グラフの **最大次数** と呼び $\Delta(G)$ と書く (Δ はデルタと読む). 本節では，グラフ G の彩色数 $\chi(G)$ と最大次数 $\Delta(G)$ の関係を調べる.

例 9.4 図 9.12 (1) のグラフの彩色数 $\chi(G)$ と最大次数 $\Delta(G)$ を求めよ.

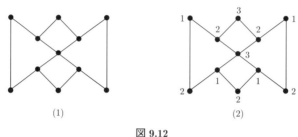

図 9.12

解 図 9.12 (2) より $\chi(G) = 3$, $\Delta(G) = 4$. □

問 9.5 図 9.13 のグラフの彩色数 $\chi(G)$ と最大次数 $\Delta(G)$ を求めよ.

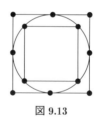

図 9.13

定理 9.2 グラフ G の彩色数を $\chi(G)$，最大次数を $\Delta(G)$ と書くとき，次の式が成り立つ.

$$\chi(G) \leq \Delta(G) + 1 \tag{9.1}$$

証明 グラフの位数（頂点の個数）n についての帰納法で証明する.

(1) $n = 1$ のとき，$\chi(G) = 1$, $\Delta(G) = 0$ であるから，式 (9.1) は成り立つ.

(2) $k \geq 2$ とする. $n = k - 1$ のとき式 (9.1) が成り立つと仮定して，$n = k$ のとき式 (9.1) が成り立つことを示す.

位数が k の任意のグラフを G とする. グラフ G の最大次数の頂点（の 1 つ）を v_0 とし，$\deg v_0 = d$ とおく. グラフ G から頂点 v_0 を取り去ったグラフ

$G - v_0$ を G_1 とする（図 9.14）. すなわち $G_1 = G - v_0$ とする[1].

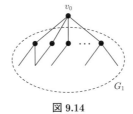

図 9.14

G の位数は k であるから, G_1 の位数は $k-1$ である. G_1 の最大次数 $\Delta(G_1)$ は高々 d であるから, 仮定より,

$$\chi(G_1) \leq \Delta(G_1) + 1 \leq d + 1$$

が成り立つ. よって G_1 は $d+1$ 彩色可能である. そこで G_1 に $d+1$ 色以下で頂点に彩色しておく.

G_1 に頂点 v_0 を戻す. 頂点 v_0 に隣接する d 個の頂点には色が塗られているが, それらがすべて異なる色で塗られていたとしても d 色である. v_0 にはそれらと異なる色を塗る（図 9.15）.

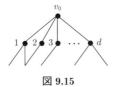

図 9.15

このように, グラフ G は $d+1$ 色で点彩色することができる. したがって, グラフ G は $d+1$ 彩色可能である. よって $\chi(G) \leq \Delta(G) + 1$ であり, 式 (9.1) が成り立つ.（証明終）

問 9.6 点彩色のために 5 色必要なグラフを描きなさい.

---

[1] v_0 を取り去るとき, v_0 に接続する辺も同時に取り去る.

9.5　倉庫の問題[2]

　ある工場では 6 種類の化合物を生産している．これらの化合物は，組合せ次第では同じ倉庫に保管すると爆発する恐れがある（表 9.1）．爆発する恐れがある化合物は同じ倉庫に保管しないようにするには，倉庫はいくつ必要だろうか．

表 9.1　危険な組合せ

A	B,C,D,E
B	A,D,F
C	A,D,E
D	A,B,C,E
E	A,C,D
F	B

　この状況をグラフで表してみよう．6 個の化合物を頂点とし，同じ倉庫に保管してはいけないもの同士を辺で結ぶと図 9.16 (1) のようになる．

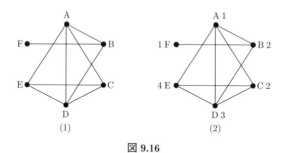

図 9.16

　倉庫がいくつ必要かは，グラフの点彩色問題に帰着される．

　図 9.16 (2) のように，このグラフの彩色数は 4 である．したがって倉庫は 4 つ必要である．色 1 の頂点は倉庫 1 へ，色 2 の頂点は倉庫 2 へ，色 3 の頂

---

[2] J. A. Bondy, U. S. R. Murty, *Graph Theory with Applications*, Macmillan Press (1976) を参考にした．

点は倉庫3へ，色4の頂点は倉庫4へ保管すればよい（表9.2）．そうすれば，爆発する恐れのある危険な組合せは（異なる色で塗られているから）同じ倉庫には保管されない．

表 9.2

倉庫	化合物
1	A,F
2	B,C
3	D
4	E

このようにグラフの彩色数を求めれば，必要な倉庫の数が分かり，さらに，どの化合物をどの倉庫へ保管すればよいかも分かる．

9.6 時間割編成問題[3]

短大の学科主任の先生は，次の学期に開講される授業科目の時間割を組もうとして頭をかかえている．

授業はA, B, C, D, E, Fの6科目が予定されている．その学科の学生は10名であり，各学生が受けたい授業科目は表9.3のようになっている．

どの学生も希望する科目をすべて受けられるようにするには，どのような時間割を組めばよいだろうか．授業科目A, B, C, D, E, Fの順に時間割を組めば，どの科目も重ならないので，全員がどの科目でも受けることができる（表9.4）．

しかし，学科主任の先生はなるべく少ない枠に6科目を納めたいと思っている．6コマ分の枠を使わないで時間割が組めるだろうか．

この問題をグラフに表して考えてみよう．

授業科目A, B, C, D, E, Fを頂点で表し，同時に開講してはいけない授業を辺で結ぶとグラフができる．辺で結ばれていない授業は同時に開講してもよい授業である．

---

[3]G. Chartrand, *Introductory Graph Theory*, Dover Publications (1977) を参考にした．

表 9.3

科目 学生	A	B	C	D	E	F
1	○	○		○	○	
2			○	○	○	
3		○		○	○	
4				○	○	○
5	○	○		○		
6		○	○	○		○
7	○	○				○
8		○		○		○
9			○	○		○
10				○	○	

表 9.4

	月	火	水
1 限	A	C	E
2 限	B	D	F

表 9.3 にしたがってグラフを作ると，図 9.17 のグラフができる.

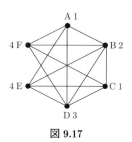

図 9.17

　このグラフの彩色数を求めてみよう．このグラフは 4 彩色可能であり，3 彩色可能ではない．なぜなら，頂点 A, B, D, E の 4 頂点は K_4 であるため 3 色では塗れないからである．したがって，図 9.17 のグラフの彩色数は 4 である．

　図 9.17 の彩色にしたがって，同じ色の授業は同じ時間帯に開講する．そうすると 4 つの時間帯ですべての科目が納まることが分かる（表 9.5）．この時間割で，10 名の学生全員が自分の希望する授業をすべて受けることができる．

表 9.5

	月	火	水
1 限	A,C	D	—
2 限	B	E,F	—

9.7　携帯電話の基地局[4]

　携帯電話を使うとき，その携帯電話は近くの基地局のアンテナを探し出して，そのアンテナに割り当てられた周波数を使っている．携帯電話の会社は多くのアンテナを立てているので，すべてのアンテナに別の周波数を割り当てるとすると周波数もたくさん必要になる．しかし，1つの会社がそれほど多くの周波数を持っているわけではない．持っている周波数を有効に使うため，離れているアンテナには同じ周波数を割り当てることにしたい．電波が届かないくらい離れているアンテナ同士は同じ周波数を割り当てても干渉がおこらないので問題はないが，電波が届く位置にある近くのアンテナ同士は別の周波数を割り当てなければならない．周波数をどのようにアンテナに割り当てたらよいだろうか．そして，周波数は最低でもいくつ必要だろうか．

　この問題をグラフを用いて考えてみよう．アンテナを頂点とし，近くのアンテナ，つまり，別の周波数を割り当てなければならないアンテナ同士を辺で結ぶ．すると図 9.18 (1) のようなグラフができる．

　このグラフの彩色数を求めてみると図 9.18 (2) のように彩色数は 4 であることが分かる．この彩色に基づいて，同じ色の頂点に同じ周波数を割り当てればよく，周波数は 4 つ必要であることが分かる．

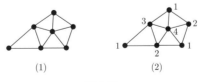

図 9.18

---

[4]本節は，松井知己「携帯電話はどうしてつながるのか—携帯電話ネットワークの頂点彩色問題」『数学セミナー』2002 年 9 月号 (日本評論社) を参考にした．

　本章では，グラフの頂点に色を塗る問題を考えたが，辺に色を塗る問題も考えられる．それは **辺彩色問題** と呼ばれている．隣接する辺には別の色を塗るというルールで辺に色を塗るとき，必要な色の最少数を，グラフの **辺彩色数** という．それと区別するため本章の彩色数を **点彩色数** と呼ぶことがある．

＊＊＊ **キーワード** ＊＊＊

□点彩色　　　　　　　　□n 彩色可能　　　　　□彩色数
□最大次数　　　　　　　□辺彩色問題　　　　　□辺彩色数
□点彩色数

第 9 章の章末問題

9.1　次のグラフの彩色数を求めよ．頂点は 2 個以上，辺は 1 本以上あるとする．

(1) スター S_n 　　　　　　　(2) 完全グラフ K_n

(3) 完全二部グラフ $K_{m,n}$ 　　(4) パス P_n

(5) サイクル C_n 　　　　　　(6) 木

(7) 林

9.2　図 9.19 のグラフの彩色数を求めよ．

9.3　S 研究科には，A～I の 9 科目が用意されている．鈴木さんは A, F, G, 渡辺君は B, E, F，山本君は A, C, D，望月さんは B, C, D，杉山君は E, H，佐藤君は G, I，伊藤さんは C, H，山田君は D, I の受講を希望している．

　全員の希望をかなえるには，どのような時間割を組めばよいか．ただし使用する時間枠（時限）は最少となるようにせよ．そのとき教室は最低でもいくつ必要か．

9.4　S 社では入社 5 年目の社員 10 名を対象に中堅社員研修を企画している．その 10 名にアンケート調査を行った結果，受講したい講座は表 9.6 のようになった．

　全社員の希望をかなえたうえで講座を行う場合，最短でも何時間必要となるか．ただし 1 講義 1 時間である．

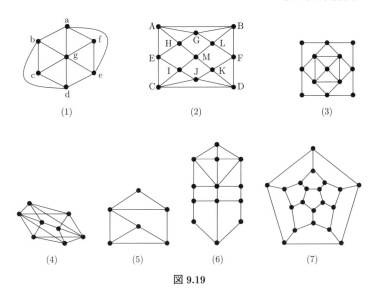

図 9.19

表 9.6

社員＼講座	コーチング	マーケティング	プレゼンテーション	財務会計	管理会計	簿記	組織論
1	○	○		○			
2		○	○				○
3	○			○			○
4		○	○			○	
5	○					○	○
6			○	○	○		
7				○	○	○	
8			○			○	○
9		○	○	○			
10	○				○		○

9.5　S 大学のキャリア支援センターの室長は，学内で行われる会社説明会について考えている．A〜H の 8 社の参加が予定されており，月曜の午前，午後，火曜の午前，午後の 4 つの枠に 2 社ずつ設定したい．

　会社説明会に参加を希望している学生は 20 人であり，それぞれの学生が希望する会社説明会は表 9.7 のようになっている．すべての学生が自分の希望する会社説明会に参加できるような日程は組めるだろうか．

表 9.7

会社 学生	A	B	C	D	E	F	G	H
1	○		○				○	○
2		○		○		○		
3	○	○	○		○			
4		○		○	○	○		
5			○	○			○	○
6	○				○	○		
7				○			○	○
8		○	○		○			
9		○	○	○			○	
10	○		○				○	○
11		○		○	○	○		
12				○		○		○
13			○	○	○			
14	○					○		○
15		○			○	○		
16				○		○		○
17	○						○	○
18				○		○		○
19		○	○				○	
20		○	○		○			

第 10 章

平面的グラフ

LSI（大規模集積回路）を作るときなど，回路が平面上に交わらずに描ければウェハ（半導体）の上に回路を焼き付けて作ることができ，量産が可能となる．平面上で辺が交わらずに描けるグラフを平面的グラフという．この章では平面的グラフについて学ぶ．

10.1 施設グラフのパズル

山の中に3軒の家 A, B, C がある（図 10.1）．3つの施設（井戸 X，炭焼き場 Y，洗い場 Z）があり，これら3軒の家と3つの施設をつなぐ道路を敷きたい．しかし，この3軒は仲が良くないため，道路は途中で決して交わらないようにしたい．どのように道路を敷いたらよいだろうか[1]．

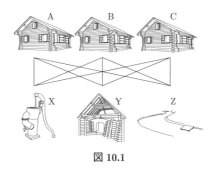

図 10.1

---

[1] X, Y, Z 間には道路は敷かないこととする．

グラフで表すと図 10.2 のようになる．3 点 A, B, C と施設 X, Y, Z の間を辺が交わらないように結ぶ必要がある．辺は全部で A–X, A–Y, A–Z, B–X, B–Y, B–Z, C–X, C–Y, C–Z の 9 本ある．図 10.2 のグラフを **施設グラフ**（または 3 軒 3 施設グラフ）と呼ぶ．第 4 章の用語を用いると，施設グラフは完全二部グラフ $K_{3,3}$ のことである．図 10.2 では辺が何箇所も交わっているが，工夫すれば交わらないように辺が引けるだろうか，というのがここでの問題である．

図 10.2

例 10.1 施設グラフの 9 本の辺を交わらないように描けるか．描けない場合，何本までなら交わらないように描くことが可能か．

解 図 10.3 のように 8 本までなら辺を交わらないように描くことができる．9 本は不可能である理由は 10.3 節で述べる．　□

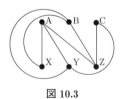

図 10.3

10.2　平面的グラフと平面グラフ

平面的グラフ とは，どの辺も交わらないように平面上に描くことが可能なグラフのことである．図 10.4 (1) の完全グラフ K_4 は，辺が交わらないように平面上に描くことができるので，平面的グラフである．平面的グラフを実際に辺が交わらないように平面上に描いたとき，平面上に描かれたグラフを **平面グラフ** という[2]．図 10.4 (1) のグラフは平面的グラフであるが，平面グラフで

---

[2]英語では，平面的グラフは "planar graph"，平面グラフは "plane graph" である．

はない．(2) のグラフは平面的グラフであり，平面グラフでもある．

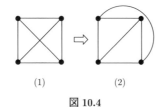

(1) (2)

図 10.4

例 10.2 図 10.5 (1)，図 10.6 (1) のグラフは平面的グラフか．

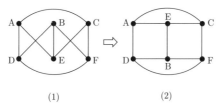

(1) (2)

図 10.5 頂点 B, E を逆転させる

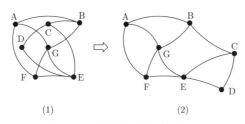

(1) (2)

図 10.6 頂点 C, D を外に出す

解 図 10.5 (2)，図 10.6 (2) のように描けば辺が交わらないようにできるので，平面的グラフである．□

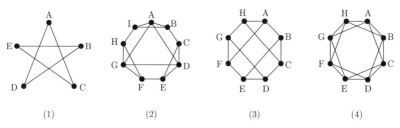

(1) (2) (3) (4)

図 10.7

問 10.1　図 10.7（前ページ）のグラフは平面的グラフか.

例 10.3　完全グラフ K_5 を **5 角形星型グラフ** ともいう (図 10.8(1)). 5 角形星型グラフの 10 本の辺を平面上に交わらないように描けるか. 描けない場合, 何本までなら描くことが可能か.

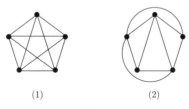

(1)　　　　　　(2)

図 10.8

解　図 10.8 (2) のように 9 本までなら辺を交わらないように描くことができる. 10 本は不可能である理由は 10.3 節で述べる.　□

10.3　施設グラフと 5 角形星型グラフ

本節では, 施設グラフ $K_{3,3}$ と 5 角形星型グラフ K_5 が平面的グラフでない理由を説明する.

10.3.1　施設グラフ

施設グラフは完全二部グラフ $K_{3,3}$ である. $K_{3,3}$（図 10.9 (1)）は, 頂点の配置を変えると図 10.9 (2) になる. 図 10.9 (2) が平面的グラフでないことを示す.

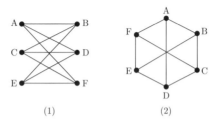

(1)　　　　　　(2)

図 10.9

（仮定 I）図 10.9 (2) のグラフが平面に辺が交わらないように描けたとする. 平面に辺が交わらないように描けたとすると, どのように描いたとしても,

(A, B, C, D, E, F, A) というサイクルがあり，それ以外に3本の辺 {A,D}，{B,E}，{C,F} が交わらずに引かれている．この3本の辺は，サイクルの内側にあるか外側にあるかのいずれかである．（サイクルを横切ることはない.）この3本の辺について，次のどちらかが成り立つ．

(i) 2本以上の辺がサイクルの内側にある．

(ii) 2本以上の辺がサイクルの外側にある．

ところが，この2通りのどちらも成り立たない（図 10.10 参照）.

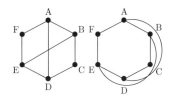

図 10.10　内側も外側も2本引くと交わる.

施設グラフを平面上に描くことができたと仮定したため矛盾がおこったのである．したがって，施設グラフは平面的グラフでないことが分かる．

10.3.2　5角形星型グラフ

5角形星型グラフ（図 10.11）が平面的グラフでないことを示す．

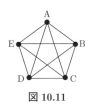

図 10.11

(仮定 II) 5角形星型グラフが平面に辺が交わらないように描けたとする．

平面に描いたとき，(A, B, C, D, E, A) というサイクルがあり，残りの5本の辺が交わらずに引かれている．この5本の辺は，サイクルの内側にあるか外側にあるかのいずれかである．（サイクルを横切ることはない.）この5本の辺について，次のどちらかが成り立つ．

(i) 3本以上の辺がサイクルの内側にある．

(ii) 3本以上の辺がサイクルの外側にある．

ところが，この2通りのどちらも成り立たない（図 10.12 参照）．5角形星型

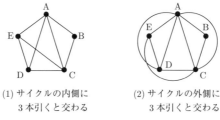

(1) サイクルの内側に
3 本引くと交わる

(2) サイクルの外側に
3 本引くと交わる

図 10.12

グラフを平面上に描くことができたと仮定したため，矛盾がおこったのである．以上より，5 角形星型グラフは平面的グラフではないことが示された．

10.4 グラフの同相

グラフ G において，辺 e の間に 1 点を追加して新しいグラフを作る．そのグラフを G の **基本細分** という（図 10.13）．G に基本細分を何回か繰り返してできるグラフを G の **細分** という．G は G の細分であるとする．0 回基本細分を行ったと考えればよいからである．

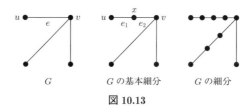

G $\qquad$ G の基本細分 $\qquad$ G の細分

図 10.13

グラフ H_1 と H_2 がどちらも，あるグラフの細分になっているとき，H_1 と H_2 は **同相** であるといい $H_1 \sim H_2$ と書く．図 10.14 の H_1 と H_2 は同相である．どちらも図 10.13 の G の細分だからである．

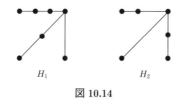

H_1 $\qquad$ H_2

図 10.14

例 10.4 図 10.15 のグラフ H_1 と H_2 は同相か．

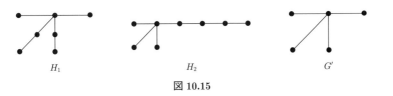

図 10.15

解 同相である．どちらも G' の細分である（図 10.15）．□

問 10.2 図 10.16 のそれぞれのグラフ H_1 と H_2 は同相か．

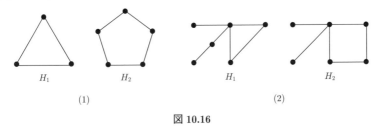

(1)   (2)

図 10.16

10.5 グラフの縮約

グラフ G において，隣接する 2 点 u, v を 1 点と見なして新しいグラフを作る．そのグラフを G の **基本縮約** という（図 10.17）．ここで，2 点 u, v を 1 点 w と見なすとき，u または v に隣接する頂点は w からも隣接するようにする．

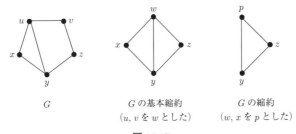

G G の基本縮約 G の縮約
             (u, v を w とした)   (w, x を p とした)

図 10.17

G に基本縮約を何回か繰り返してできるグラフを G の **縮約** という．G は G の縮約であるとする．0 回基本縮約を行ったと考えればよいからである．

例 10.5 図 10.18 のグラフ H は G の縮約か．

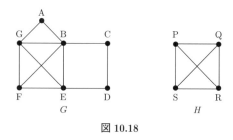

図 10.18

解　縮約である. 頂点 A と B, B と C, E と D をそれぞれ 1 点と見なす. □
問 10.3　図 10.19 のグラフ H は G の縮約か.

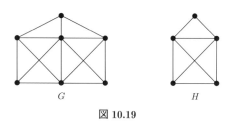

図 10.19

10.6　クラトフスキーの定理

5 角形星型グラフ K_5 と施設グラフ $K_{3,3}$ が平面的グラフでないことは, すでに見てきた. 平面的グラフの部分グラフは平面的グラフである. したがって, K_5 または $K_{3,3}$ を部分グラフとして含むグラフは平面的グラフではない. これらのことを命題として書いておく.

> **命題 10.1**　平面的グラフの部分グラフは平面的グラフである.

> **命題 10.2**　K_5 または $K_{3,3}$ を含むグラフは平面的グラフではない.

例 10.6　K_6 は平面的グラフか. $K_{3,4}$ は平面的グラフか.
解　K_6 は K_5 を含むので平面的グラフでない. $K_{3,4}$ は $K_{3,3}$ を含むので平面的グラフでない. □

さらに, K_5 または $K_{3,3}$ の細分を (部分グラフとして) 含むグラフも平面的グラフではない. なぜなら, K_5 または $K_{3,3}$ の細分を含むグラフが平面上

に描けるとしたら，次数 2 の頂点を除くことで，K_5 または $K_{3,3}$ が平面上に描けることになるからである（図 10.20）．

図 10.20   平面的グラフでない

> **命題 10.3** K_5 または $K_{3,3}$ の細分を含むグラフは平面的グラフではない．

クラトフスキーは，命題 10.3 の逆も成り立つことを証明した．

> **定理 10.1（クラトフスキーの定理）**   グラフが平面的グラフであるための必要十分条件は，K_5 または $K_{3,3}$ の細分を含まないことである．

縮約についても次の定理が成り立つ．定理 10.1 と定理 10.2 の証明はこの本の範囲を超えるため省略する．

> **定理 10.2（ワグナーの定理）**   グラフが平面的グラフであるための必要十分条件は，K_5 または $K_{3,3}$ に縮約可能な部分グラフを含まないことである．

例 10.7   ペテルセングラフは平面的グラフか．

解 K_5 に縮約可能なため，平面的グラフでない（図 10.21）． □

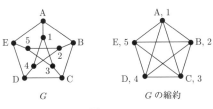

図 10.21

例 10.8　図 10.22 のグラフは平面的グラフか.

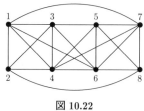

図 10.22

解　K_5 に縮約可能なため, 平面的グラフでない (図 10.23 (1), (2)).　□

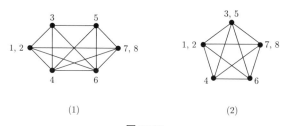

(1)　　　　　　　　　　　　　　　(2)

図 10.23

問 10.4　図 10.24 (1), (2) のグラフは平面的グラフか.

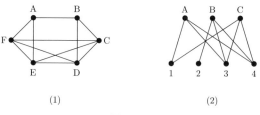

(1)　　　　　　　　　　　　　　　(2)

図 10.24

＊＊＊ キーワード ＊＊＊

□施設グラフ　　　　　　□平面的グラフ　　　　　□平面グラフ
□ 5 角形星型グラフ　　　□基本細分　　　　　　　□細分
□同相　　　　　　　　　□基本縮約　　　　　　　□縮約
□クラトフスキーの定理

第 10 章の章末問題

10.1　図 10.25 のグラフは平面的グラフか．平面的グラフには○，非平面的グラフには×をつけよ．

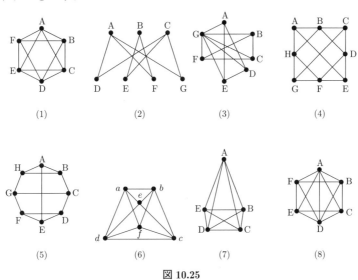

図 **10.25**

10.2　図 10.26 のグラフはすべて同型か．図 10.26 (1) の頂点名 A, B, C, X, Y, Z を (2) 以降のグラフの頂点に対応させてみよ．

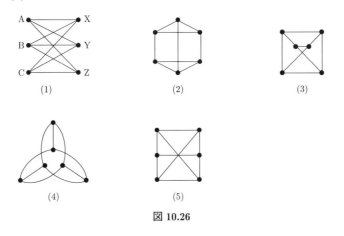

図 **10.26**

10.3　図 10.27 のグラフはすべて同型か．図 10.27 (1) の頂点名 A, B, C, D, E, 1, 2, 3, 4, 5 を (2) 以降のグラフの頂点に対応させてみよ．

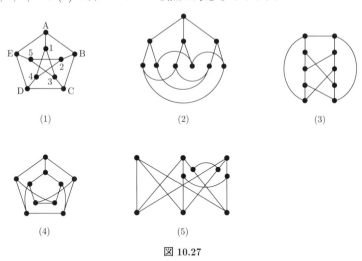

図 **10.27**

第11章

オイラーの定理と平面的グラフの彩色問題

　本章では，オイラーの定理を証明し，その定理を用いて次章の地図の塗り分け問題につながる重要な定理を説明する．

11.1　平面グラフについてのオイラーの定理

　平面グラフについてのオイラーの定理とは，平面グラフの頂点，辺，領域の個数の関係を表す定理である．ここで，平面グラフの **領域** とは，図 11.1 のように，グラフの辺で囲まれた部分のことである．グラフの外側の無限に拡がる部分も領域と考え，**無限領域** と呼ぶ．それに対してグラフの内側の領域は **有限領域** と呼ぶ．図 11.1 のグラフには領域が 5 個あり，r_1, r_2, r_3, r_4 は有限領域，r_5 は無限領域である．

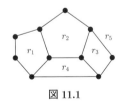

図 11.1

定理 11.1（オイラーの定理）　連結平面グラフの頂点の個数を p，辺の本数を q，領域の個数を r とする．そのとき，

$$p - q + r = 2 \tag{11.1}$$

という関係が成り立つ.

例 11.1　図 11.2 の平面グラフにおいて,式 (11.1) が成り立つことを確かめよ.

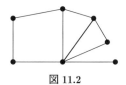

図 11.2

解　$p = 7$, $q = 9$, $r = 4$ より,式 (11.1) が成り立つ.　□

問 11.1　図 11.3 の平面グラフにおいて,式 (11.1) が成り立つことを確かめよ.

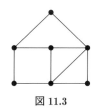

図 11.3

定理 11.1 の証明　連結平面グラフを G とすると,G は次の (0), (i), (ii) の手順で描くことができる.

(0) 最初に 1 点を描く.

以後は,(i) または (ii) を繰り返し行う.

(i) 頂点を 1 個追加し,その頂点を今までに描いた 1 つの頂点と辺で結ぶ.

(ii) 頂点は追加しないで,すでにある 2 頂点を辺で結ぶ.

(0) を行うと,1 点からなるグラフができる.このグラフにおいて,式 (11.1) が成り立つ.($p = 1$, $q = 0$, $r = 1$ より $p - q + r = 2$ である.)

(i) を行うとき,頂点の個数 p と辺の本数 q の両方が 1 ずつ増え,領域の個数は増えない.したがって $p - q + r$ の値は不変である.

(ii) を行うとき,辺の本数 q と領域の個数 r の両方が 1 ずつ増え,頂点の個数 p は増えない.したがって $p - q + r$ の値は不変である.

以上より,(i), (ii) を何度繰り返しても $p - q + r$ の値は不変であり,グラフ

G が完成したときも $p-q+r$ の値は不変であり 2 である[1]. したがって, どのような連結平面グラフにおいても $p-q+r$ の値は 2 である.（証明終）

定理 11.1 より次の定理が証明できる.

定理 11.2　頂点の個数が 3 以上の平面グラフを G とする. 頂点の個数を p, 辺の本数を q とするとき,

$$q \leq 3p - 6 \tag{11.2}$$

が成り立つ.

解説　この定理の意味は, 平面グラフの辺はあまり多くないということである. 辺の本数は, 頂点の個数のほぼ 3 倍以下でなければならない.

定理 11.2 の証明　G が連結でないときは, 辺を付け加えて連結グラフにできる. よって, 連結グラフの場合に証明できればよい.

連結平面グラフ G の領域の個数を r とする.

(i) $r = 1$ のときは, 定理 11.1 より $q = p - 1$ である. 仮定より $p - 3 \geq 0$ であるから, $q = p - 1 \leq (p-1) + 2(p-3) = 3p - 7 \leq 3p - 6$. よって式 (11.2) が示された.

(ii) $r \geq 2$ のときを考える. 1 個の領域は少なくとも 3 本の辺で囲まれている.（注, グラフの定義より, 多重辺は許されていないため, 2 本の辺で囲まれた領域はない.）

領域は r 個あるので, 少なくとも $3r/2$ 本の辺がある.（単純に考えると辺は少なくとも $3r$ 本あることになるが, 領域を囲んでいる辺は, 隣の領域を囲んでいる辺でもあるので, 2 度数えているので 2 で割っている.）

したがって, 辺は $3r/2$ 本以上あり, $q \geq 3r/2$ である. これを変形して $r \leq 2r/3$ を得る.

定理 11.1 より $2 - p + q = r$ であり, $r \leq 2q/3$ より $2 - p + q \leq 2q/3$ が得られ, 整頓すると $q \leq 3p - 6$ になる.（証明終）

式 (11.2) には領域の個数 r が含まれていない. したがって定理 11.2 は平面的グラフで成り立つ.

---

[1] この証明をきちんと書くと数学的帰納法になる.

定理 11.2′　頂点の個数が 3 以上の平面的グラフを G とする．頂点の個数を p，辺の本数を q とするとき，

$$q \leq 3p - 6 \qquad (11.2)$$

が成り立つ．

系 11.1　グラフ G の頂点の個数を p，辺の本数を q とする（ただし $p \geq 3$ とする）．そのとき，

$$q > 3p - 6 \qquad (11.3)$$

ならば，G は平面的グラフではない．

証明　系 11.1 は，定理 11.2′ の対偶命題であるから成り立つ．（証明終）

例 11.2　頂点が 100 個，辺が 300 本からなるグラフ G は平面的グラフか．

解　$p = 100$，$q = 300$ を式 (11.3) に代入すると成り立つ．したがって，グラフ G は平面的グラフでないことが（グラフの形を見なくても）分かる．□

完全グラフ K_5 は平面的グラフでないことは前章で示したが，系 11.1 からも分かる．

系 11.2　完全グラフ K_5 は平面的グラフではない．

証明　$p = 5$，$q = 10$ より，$3p - 6 = 15 - 6 = 9 < q$ であり，式 (11.3) が成り立っている．系 11.1 より完全グラフ K_5 は平面的グラフではない．（証明終）

例 11.3　完全グラフ K_6 が平面的グラフでないことは系 11.1 から言えるか．

解　系 11.1 から言える（$p = 6$，$q = 15$）．□

問 11.2　完全二部グラフ $K_{3,3}$ が平面的グラフでないことは系 11.1 から言えるか．

問 11.3　完全二部グラフ $K_{4,4}$ が平面的グラフでないことは系 11.1 から言えるか．

問 11.4　完全二部グラフ $K_{5,5}$ が平面的グラフでないことは系 11.1 から言えるか．

> **系 11.3** すべての頂点の次数が 6 以上のグラフは平面的グラフではない.

証明 G をすべての頂点の次数が 6 以上のグラフとする.G の頂点の個数が p 個とすると,各頂点から 6 本以上の辺が出ているので,辺は全部で $6p/2$ 本以上ある.(注.$6p$ だと,1 つの辺を 2 度数えているため,$6p$ を 2 で割っている.)つまり,$q \geq 3p$ である.したがって $q \geq 3p > 3p - 6$ が成り立つ.系 11.1 より,グラフ G は平面的グラフではない.(証明終)

問 11.5 完全二部グラフ $K_{6,6}$ が平面的グラフでないことが系 11.3 から言えるか.

> **系 11.4** 平面的グラフには,次数が 5 以下の頂点が存在する.

証明 系 11.4 は系 11.3 の対偶命題であるから成り立つ.(証明終)

系 11.4 は次節の平面的グラフの 6 色定理,5 色定理の証明で用いる重要な命題である.

すべての頂点の次数が 6 以上の平面的グラフは存在しないが(系 11.3),すべての頂点の次数が 5 以上の平面的グラフは存在する(図 11.4).

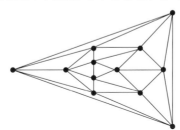

図 11.4 連結平面グラフ($p = 12, q = 30$)

11.2 平面的グラフの彩色問題

この節では,平面的グラフは何色あれば点彩色が可能かという問題を考える.

> **定理 11.3(平面的グラフの 6 色定理)** 平面的グラフは 6 彩色可能である.

証明 平面的グラフの位数 n についての数学的帰納法で証明する.

(i) $n \leq 6$ のとき，平面的グラフは 6 彩色可能である．

(ii) $k > 6$ とする．

$n = k - 1$ のとき平面的グラフは 6 彩色可能であると仮定して，$n = k$ のときも平面的グラフは 6 彩色可能であることを示す．

位数が k である平面的グラフを G とする．系 11.4 より，G には次数 5 以下の頂点が存在する．それを v_0 とおく（図 11.5）．

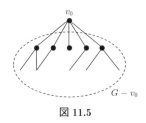

図 11.5

グラフ $G - v_0$ の位数[2]は $k - 1$ であるから，$G - v_0$ は 6 彩色可能である（帰納法の仮定より）．そこで，グラフ $G - v_0$ の頂点に 6 色で色を塗っておく．

グラフ G の頂点 v_0 にどの色を塗ればよいかを考える．v_0 の次数は 5 以下であるので，v_0 に隣接する頂点は 5 個以下である．6 色使えるため，v_0 に隣接する頂点と異なる色を v_0 に塗ることができる．よって，グラフ G は 6 彩色可能である．

(i), (ii) より，定理が成り立つことが示された．（証明終）

以上で平面的グラフは 6 彩色可能であることが証明されたが，もう少し細かい考察をすれば 5 彩色可能であることが証明できる．

定理 11.4（平面的グラフの 5 色定理）　平面的グラフは 5 彩色可能である．

証明　平面的グラフの位数 n についての数学的帰納法で証明する．

(i) $n \leq 5$ のとき，平面的グラフは 5 彩色可能である．

(ii) $k > 5$ とする．

$n = k - 1$ のとき平面的グラフは 5 彩色可能であると仮定して，$n = k$ のときも平面的グラフは 5 彩色可能であることを示す．

---

[2] グラフ G から頂点 v_0 を取り去ってできるグラフを $G - v_0$ と書く．v_0 を取り去るとき，v_0 に接続する辺も同時に取り去る．

位数が k である平面的グラフを G とする．G を平面上に描いておく．

系 11.4 より，G には次数 5 以下の頂点が存在する．それを v_0 とおく．グラフ $G-v_0$ の位数は $k-1$ であるから，$G-v_0$ は 5 彩色可能である（帰納法の仮定より）．そこでグラフ $G-v_0$ の頂点に 5 色で色を塗っておく．

次に，グラフ G の頂点 v_0 に色を塗ることを考える．

v_0 の次数がもし 4 以下だったとすると，v_0 に色を塗ることができ，グラフ G は 5 彩色可能であることが示され証明が終わる．

したがって，v_0 の次数が 5 である場合のみ考える．その場合，v_0 に隣接する頂点は 5 個ある．その 5 個の頂点を v_1, v_2, v_3, v_4, v_5 とする．次の 2 つの場合に分けて考える．

（場合 1）その 5 個の頂点で使われている色が 4 色以下の場合．

この場合は 1 色余っているので，その色を頂点 v_0 に塗ることができる．よって，グラフ G を 5 色で彩色することができる．

（場合 2）その 5 個の頂点で 5 色の色が使われている場合．

この場合は，そのままでは頂点 v_0 に色を塗ることができないため工夫する．v_0 に隣接する 5 個の頂点 v_1, v_2, v_3, v_4, v_5 に塗られている色が，それぞれ色①，②，③，④，⑤であるとする（図 11.6）（左から順に番号をつける）．

頂点 v_5 から始まる隣接する色⑤，③，⑤，③，. . . の頂点列に着目する．そのような頂点列のどれもが v_3 につながっていない場合は，v_5 から始まるそれらの頂点列の色を③，⑤，③，⑤，. . . と付け替える．そうすると v_0 に色⑤を塗ることができる．

v_5 から始まる隣接する色⑤，③，⑤，③，. . . の頂点列で v_3 につながるものがある場合は（図 11.7），今度は，頂点 v_4 から始まる隣接する色④，②，④，②，

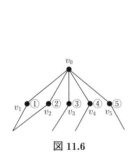

図 11.6

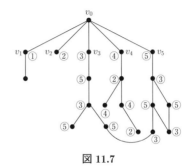

図 11.7

...の頂点列に着目する．その頂点列が v_2 につながることはあり得ない（図 11.7）．（平面的グラフであるから，③と⑤の作るサイクルを横切ることはできないためである．）

したがって，v_4 から始まる頂点列の色を②，④，②，④，... と付け替える．すると，v_0 に色④を塗ることができる．

よって，グラフ G は 5 彩色可能であることが示された．

(i), (ii) より，定理が成り立つことが証明された．（証明終）

以上より，平面的グラフは 6 彩色可能であることと，細かい考察をすることで 5 彩色可能でもあることが分かった．実は平面的グラフは 4 彩色可能でもある．その証明は複雑で難しいため省略する．

定理 11.5（平面的グラフの 4 色定理）　平面的グラフは 4 彩色可能である．

定理 11.5 は，次章の地図の塗り分け問題で使う重要な定理である．完全グラフ K_5 が平面的グラフでないことは系 11.2 で示したが，定理 11.5 からでも分かる．

系 11.5　完全グラフ K_5 は平面的グラフではない．

証明　完全グラフ K_5 はすべての 2 頂点が隣接しているため，点彩色のために 5 色必要である．したがって定理 11.5 より，K_5 は平面的グラフではない．

(証明終)

今までは「グラフ」を考えてきたが，ループや多重辺を許す多重グラフについても同様の定理が成り立つ．なぜなら，ループがあっても彩色に関係せず，また，辺が多重辺に替わってもやはり彩色に関係しないからである．

定理 11.3′（平面的多重グラフの 6 色定理）　平面的多重グラフは 6 彩色可能である．

定理 11.4′（平面的多重グラフの 5 色定理）　平面的多重グラフは 5 彩色可能である．

> **定理 11.5′（平面的多重グラフの 4 色定理）**　平面的多重グラフは 4 彩色可能である.

* * * キーワード * * *

□領域　　　　　　　　　　　　　　□無限領域
□有限領域　　　　　　　　　　　　□オイラーの定理
□平面的グラフの 6 色定理　　　　　□平面的グラフの 5 色定理
□平面的グラフの 4 色定理　　　　　□平面的多重グラフの 6 色定理
□平面的多重グラフの 5 色定理　　　□平面的多重グラフの 4 色定理

第 11 章の章末問題

11.1　図 11.8 のグラフの彩色数を求めよ.

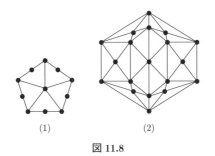

(1)　　　　　　　　　　(2)

図 11.8

11.2　図 11.9 の多重グラフの彩色数を求めよ.

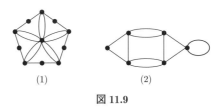

(1)　　　　　　　　　　(2)

図 11.9

11.3　正多面体グラフ（第 4 章図 4.15）において p, q, r を求め，表 11.1 を埋めて，オイラーの定理が成り立つことを確かめよ.

表 11.1

	p	q	r	$p-q+r$
正 4 面体				
正 6 面体				
正 8 面体				
正 12 面体				
正 20 面体				

第12章

地図の塗り分け問題——どんな地図も4色で塗り分けられるか

　本章では，世界地図における隣り合う国を異なる色で塗ることにするとき何色あれば足りるかという問題を考える．この問題は19世紀半ばに提起された．経験上4色で足りることは知られていたが，証明は困難で，100年以上かかってようやく証明された．

　本章では，地図の塗り分け問題はグラフの頂点彩色の問題に帰着されることを示す．

12.1　はじめに

　図12.1の地図は何色あれば塗り分けられるだろうか．隣り合う国は異なる色で塗らなければならないが，1点で接している国は必ずしも異なる色で塗らなくてもよい．たとえば図12.2において，国AとBは隣り合っているので別の色で塗る必要があるが，国AとCは1点で接しているので同じ色で塗ってもかまわない．

　外側の海も塗ることとするが，つながっていない海や湖は同じ色で塗る必要はない．また，どの国も飛び地はないものとしておく．

　例12.1　図12.1の地図は，図12.3のように4色あれば塗り分けられる．（色は番号で表している．）

　問12.1　図12.4の地図は何色あれば塗り分けられるか．外側も塗ること．

　どんな地図も4色で塗り分けられるのではないだろうか，というあるイギリス人の疑問から，この問題の歴史が始まった．

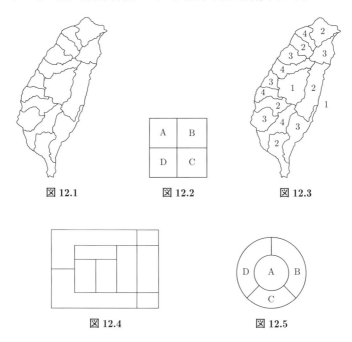

図 12.1   図 12.2   図 12.3

図 12.4   図 12.5

　その歴史を述べる前に，3 色では塗り分けられない地図があることを確認
しておこう．たとえば，図 12.5 のような地図は 3 色では塗り分けられなく，4
色必要である．なぜなら，これら 4 ヶ国はどの 2 ヶ国も隣り合っているため
（このとき，この 4 ヶ国は **相互隣接** しているという），どの 2 ヶ国も同じ色
で塗ることができないからである．したがって 3 色では塗り分けられない地
図があることが分かる．

　それでは，4 色で塗り分けられない地図はあるのだろうか．それがこの章の
問題である．

　4 色問題の歴史を，主にロビン・ウィルソンの『四色問題』[1]を参考に，その
後の進展も加えて述べる．

　1852 年，イギリスのフランシス・ガスリーという人がイングランドの地図
を塗り分けていたところ，4 色あれば足りることに気付いた．他の地図でも
試してみると，やはり 4 色で足りる．そこで，大学生だった弟のフレデリッ

------

[1]ロビン・ウィルソン（茂木健一郎訳）『四色問題』新潮社 (2004).

クにその話をした．フレデリックはド・モルガン[2]（ロンドンのユニバーシティ・カレッジの教授）に，どんな地図も4色で塗れる理由を聞いた．ド・モルガンは，ダブリン大学のハミルトン[3]に手紙で，「どんな地図も4色で塗れることは事実なのか．事実なら，すでに知られていることか」と尋ねた．それが1852年のことである．その手紙が，4色問題が紙に書かれた最も古いものであると言われている．

4色問題が印刷物として公に発表されたもので最も古いものは，1860年の文芸誌『アシニーアム』の記事[4]であると言われていたが，最近になって，それより古い記事が発見された[5]．それは，同じ文芸誌『アシニーアム』[6]に1854年に掲載された数行からなる「編集者への手紙」であり[7]，全文は以下のとおりである．

> 「地図の色塗り—地図を塗るとき，隣り合った領域は別の色で塗らなければならないが，使用する色はできるだけ少ない方が望ましい．4色が必要かつ十分であることを私は経験から発見した．しかし，領域が5個以下のときは証明できたものの一般的に証明することができない．この一見単純な命題の一般的証明を知りたい．または，どこに書かれているかを知りたい．驚くべきことに数学的な研究が全く見当たらないのである．F. G.[8]」

そして1878年，ケイリーがロンドン数学会で4色問題はすでに解決したかどうかを質問した．それにより数学者の間で4色問題が広く知られるようになった．その翌年ケンプが証明を発表したが，11年後の1890年にヘイウッド

---

[2]ド・モルガンの法則で有名なド・モルガンである．ド・モルガンの法則とは，$\overline{A \cup B} = \overline{A} \cap \overline{B}$，$\overline{A \cap B} = \overline{A} \cup \overline{B}$（$A, B$ は集合）．

[3]ケイリー，ハミルトンの定理で有名なハミルトンである．

[4]A. de Morgan, The Philosophy of Discovery, Chapters Historical and Critical, *The Athenaeum*, 1694 号 (April 14, 1860), pp.501–503.（実際は無署名であるが，著者はド・モルガンであると言われている．）

[5]B. D. McKay, A note on the history of the four-colour conjecture, *Journal of Graph Theory*, 72 (2013), pp.361–363.

[6]雑誌名の「アシニーアム (Athenaeum)」は，ギリシャの首都アテネに由来する．

[7]F. G., Tinting Maps, *The Athenaeum*, 1389 号 (June 10, 1854), p.726.

[8]F. G. が誰であるか今となっては不明であるが，フランシス・ガスリーの可能性が高い．

により証明の間違いが指摘された．その後も多くの数学者が証明を試みたものの，なかなか証明することができなかった．しかし証明のためのアイデアからグラフ理論の研究が進展し豊かなものになっていった．

　1922年にフランクリンにより25ヶ国以下なら4色問題は正しいことが証明された．さらに1926年には27ヶ国以下，1938年には31ヶ国以下，1940年には35ヶ国以下，1968年には40ヶ国以下なら，4色問題は正しいことが証明された．

　そしてついに1976年，イリノイ大学のアッペルとハーケンにより4色問題の証明がなされた（論文掲載は1977年）．問題提起から実に100年以上かかって4色問題が証明された．証明後は「4色問題」は「4色定理」と呼ばれることになった．

　4色定理は，どんな地図も4色あれば塗り分け可能であるという定理である．正確に書くと次のようになる．

定理12.1（4色定理）　球面が有限個の領域に分かれているとする．領域を塗り分けるとき，4色あれば塗り分け可能である．

「球面」とは球の表面のことである．地球の表面を球面と言い換え，国，海，湖などは領域と言い換えた．「領域を塗り分ける」とは，隣り合う2つの領域は別の色で塗るということである．1点で接している領域は必ずしも別の色で塗らなくてもよい．

　4色定理より，地球上に仮に国が何万，何億とあっても，4色あれば塗り分けられることが，実際に試さなくても分かるのである．国が多くなれば必要な色の数も多くなると思うのがふつうであるが，驚くことに，どんなに国が多くても，またどんなに複雑な地図でも，たった4色で足りるというのである．

　なお，前述したように国に飛び地はないものとする．（図12.6の地図には飛び地があり，塗り分けるには4色では無理で5色必要である．なぜなら，こ

図12.6　飛び地のある地図

の5ヶ国 A, B, C, D, E は相互に隣接しているからである.)

アッペル, ハーケンによる4色問題の証明は複雑で長く, しかも証明の中でコンピュータを1000時間以上使用している.「美しい定理には簡潔でエレガントな証明がふさわしい」ので, 4色問題の別証明が求められている.

12.2 球面上の地図から平面上の地図へ

球面上の地図とは, 球面が有限個の領域に分けられている図のことである. この地図を次のようにして平面上に書き写すことができる.

何色で塗れるかを考えるときは, 領域同士のつながり方さえ保たれていれば領域の形が変わってもよい. したがって, 球がゴム風船でできていてその上に領域が描かれていると思ってよく, ゴム風船を自由に変形してかまわない.

ゴム風船の表面がいくつかの領域に分けられているとする. 1つの領域 A に注目する (図 12.7 (1)). 領域 A をどんどん大きくし, 球の半分を占めるまで大きくしていく (図 12.7 (2)). さらに大きくしていき, 他の領域を北極付近に小さく集めてしまう (図 12.7 (3)). すると, それらの領域を平面上に書き写すことができる. そのとき, 最初に注目した領域 A は, 平面上では外側の領域になっている (図 12.7 (4)). 外側の領域は, 平面上では無限に広がっている領域である.

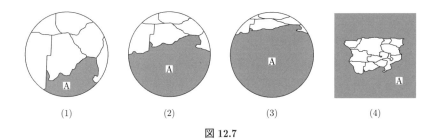

(1) (2) (3) (4)

図 12.7

以上により, 球面上の地図は, 領域同士の隣り合う関係を保ったまま, 平面上に書き写すことができた. このようにしてできた平面上の地図は多重グラフであり, 平面上に書かれているので平面多重グラフである. (多重辺やループを許すので多重グラフである.)

12.3　双対グラフ

　平面多重グラフ G に次の操作を行う．G の各領域内に 1 点ずつ点をおく．外側の無限領域にも 1 点をおく．図 12.8 では，領域 A, B, C, D に点をおく．点の名称は領域と同じ A, B, C, D としておく．

　2 つの領域が隣り合っているとき，どの境界についても，境界の辺を横切るように領域内の点同士を辺で結ぶ．図 12.8 では，領域 A, B の境界を横切るように点 A, B を結び，領域 A, D の境界を横切るように点 A, D を結ぶ，などである．領域 A の境界は 2 つあるから，点 A から辺が 2 本出ているのである．

　そうすると，1 つの新しい多重グラフができる（図 12.9）．このようにして得られる多重グラフを，元のグラフ G の **双対グラフ** という．双対グラフ G' は平面に書かれているので，平面多重グラフである．

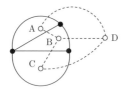

図 12.8　平面多重グラフ G

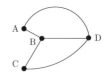

図 12.9　双対グラフ G'

　平面多重グラフ G の領域に色を塗る問題は，G の双対グラフ G' において頂点に色を塗るという問題に変換される．G の隣り合う領域に異なる色を塗ることは，G' の隣接する 2 頂点に異なる色を塗ることに相当するからである．

　例 12.2　図 12.10 の平面多重グラフ G の双対グラフ G' を求めよ．

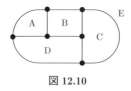

図 12.10

　解　双対グラフ G' は図 12.11 である．G にある境界の数（9 個）だけ G' に辺が書かれている．　□

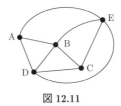

図 **12.11**

問 12.2　図 12.12 の平面多重グラフの双対グラフを求めよ.

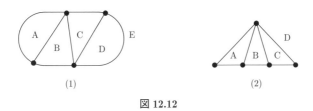

(1)　　　　　　　　　　　　　　　(2)

図 **12.12**

12.4　4 色定理

前章の定理 11.5′ で平面的多重グラフの頂点彩色に関する 4 色定理を説明した.

> **定理 11.5′（平面的多重グラフの 4 色定理）**（再掲）平面的多重グラフの頂点は 4 彩色可能である.

今, 問題にしているのは, 平面多重グラフである. 平面多重グラフはもちろん平面的多重グラフであるから[9], 定理 11.5″ として書いておく.

> **定理 11.5″（平面多重グラフの 4 色定理）**　平面多重グラフの頂点は 4 彩色可能である.

この定理より, 次の定理が得られる（再掲）.

---

[9]平面上に描くことができるグラフを平面的グラフ, 平面上に描いたグラフを平面グラフという（第 10 章参照）.

定理 12.1（4 色定理）　（地球上の）地図は 4 色で塗り分け可能である.

以上で 4 色定理の説明を終わる. 今までの議論は次のようにまとめられる.

地球上の地図の領域の塗り分け

⇓

平面上の地図の領域の塗り分け

⇓

平面多重グラフの領域の塗り分け

⇓　双対

平面多重グラフの頂点彩色（4 彩色可能）

12.5　トーラス上の地図——7 色定理

4 色定理は，地球上の地図を塗り分けるのに 4 色あれば足りるということを述べている. しかし，地球のような球形でない場合は状況が違ってくる.

ドーナツのような穴のあいた立体の表面（**トーラス** という, 図 12.13）に住んでいる人たちの場合を考えてみよう. そこでの地図も 4 色あれば塗り分け可能だろうか.

図 12.13

図 12.14 のように A, B, C, D, E の 5 ヶ国がある場合を考えてみよう. 国 B は 2 ヶ所に書かれているが，後ろでつながっている. この 5 ヶ国は相互に隣接しているため，塗り分けるには 5 色が必要である. このように，トーラス上の地図を塗り分けるには 4 色では足りないのである. それでは何色あれば足りるだろうか.

トーラス上のどのような地図も塗り分けるには，5 色でも 6 色でも足りなく，7 色必要なのである. そして 7 色あれば足りることが証明されている. こ

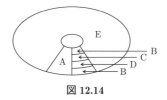

図 12.14

れを「7色定理」という.

> **定理 12.2（トーラス上の地図の 7 色定理）** トーラス上の地図を塗り分けるには 7 色必要であり，7 色あれば十分である.

次に，図 12.15 のような穴が 2 つある立体の表面に描かれた地図の場合は何色必要だろうか．その場合は 8 色必要なことが分かっている．穴が 3 つの場合は 9 色，4 つの場合は 10 色必要であることも分かっている．表にまとめると次のようになる[10]．

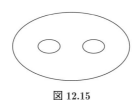

図 12.15

表 12.1 地図を塗り分けるのに必要にして十分な色の数

穴の数 g	0	1	2	3	4	5	6	7	8	9	10	11	12	13	$\cdots$
色の数 c	4	7	8	9	10	11	12	12	13	13	14	15	15	16	$\cdots$

* * * **キーワード** * * *

□相互隣接　　　　　　　　　□4色定理
□双対グラフ　　　　　　　　□平面的多重グラフの 4 色定理
□平面多重グラフの 4 色定理　□トーラス
□トーラス上の地図の 7 色定理

---

[10]一般に穴の個数を g とすると，塗り分けるのに必要にして十分な色の数 c は次の式で表される：
$c = [(7+\sqrt{48g+1})/2]$. ここで $[\quad]$ はガウス記号と呼ばれるもので，小数点以下切捨ての記号である.

第 12 章の章末問題

12.1 図 12.16 は，折り紙を折り，そのあと開いたときにできる図である．全部で 23 の領域に分かれている．この領域に色を塗りたいが，何色あれば塗り分け可能か．隣り合う領域は異なる色で塗らなければならないが，1 点で接している領域は異なる色で塗らなくてもよい．なお，この場合は，折り紙の外側の領域は塗らなくてよい．

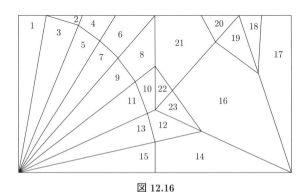

図 12.16

12.2 図 12.17 の地図を 5 色以内で塗りなさい．隣り合う領域は異なる色で塗ること．外側の領域も塗ること．

図 12.17

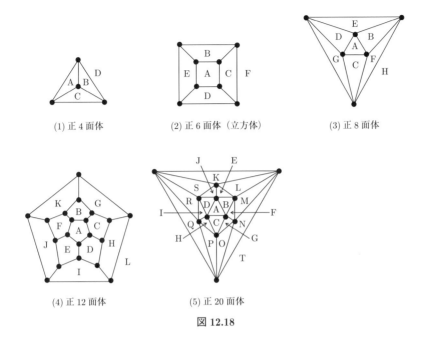

(1) 正4面体　　(2) 正6面体（立方体）　　(3) 正8面体

(4) 正12面体　　(5) 正20面体

図 **12.18**

12.3　正多面体グラフ（正4面体，正6面体，正8面体，正12面体，正20面体を表すグラフ）（図 12.18）の双対グラフを描きなさい[11]．

12.4　図 12.19 の平面多重グラフの双対グラフを求めよ．

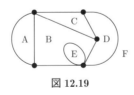

図 **12.19**

---

[11] 正多面体グラフの双対グラフは，また正多面体グラフになる．詳しくは，正4面体，正6面体，正8面体，正12面体，正20面体グラフの双対グラフは，それぞれ，正4面体，正8面体，正6面体，正20面体，正12面体グラフと同型である．

第13章

グラフの行列表示

グラフや有向グラフは行列で表現することができる．この章では，まず行列について説明し，次にグラフや有向グラフを行列で表す方法を説明する．本章は，この章に続く第14章，第15章の基礎となる章である．

13.1 行列とは

行列 とは，下の A のように数を縦と横に並べたものである．ここで，m, n は1以上の整数であり，a_{ij} は実数である $(i = 1, 2, \ldots, m; j = 1, 2, \ldots, n)$.

$$
A = \begin{array}{c} \\ \\ \end{array}
\begin{matrix} \text{第 1 列} & \text{第 2 列} & \cdots & \text{第 } n \text{ 列} \\ \end{matrix}
$$

$$
A = \begin{pmatrix}
a_{11} & a_{12} & \cdots & a_{1n} \\
a_{21} & a_{22} & \cdots & a_{2n} \\
\vdots & \vdots & & \vdots \\
a_{m1} & a_{m2} & \cdots & a_{mn}
\end{pmatrix}
\begin{matrix} \text{第 1 行} \\ \text{第 2 行} \\ \vdots \\ \text{第 } m \text{ 行} \end{matrix}
$$

横の並びを **行** と呼び，上から第1行，第2行，$\ldots$，第 m 行という．縦の並びを **列** と呼び，左から第1列，第2列，$\ldots$，第 n 列という．行列のサイズを明示したいときは，m **行** n **列行列**，または $m \times n$ **行列** などという．$m = n$ のときは **正方行列** といい，サイズを明示したいときは，n **次正方行列** という．上の行列 A を，スペースの省略のため，$m \times n$ 行列 $A = (a_{ij})$ と書くことが多い．

行列の第 i 行第 j 列にある数 a_{ij} を，第 i 行第 j 列成分，または i 行 j 列成

分，または (i, j) 成分という．たとえば，3×4 行列

$$B = \begin{pmatrix} 2 & 5 & 1 & -3 \\ 3 & 5 & -2 & 7 \\ 3 & 6 & -4 & 0 \end{pmatrix}$$

の $(1, 2)$ 成分は 5，$(2, 3)$ 成分は -2，$(3, 3)$ 成分は -4 である．

n 次正方行列

$$R = \begin{pmatrix} a_{11} & a_{12} & \cdots & a_{1n} \\ a_{21} & a_{22} & \cdots & a_{2n} \\ \vdots & \vdots & \ddots & \vdots \\ a_{n1} & a_{n2} & \cdots & a_{nn} \end{pmatrix}$$

には対角線が 2 本ある．一方を主対角線，他方を副対角線と呼ぶ．**主対角線** とは，左上から右下の対角線のことで，成分で書くと $(a_{11}, a_{22}, a_{33}, \ldots, a_{nn})$ であり，**副対角線** とは，右上から左下の対角線のことで，成分で書くと $(a_{1n}, a_{2\,n-1}, a_{3\,n-2}, \ldots, a_{n1})$ である．単に **対角線** といえば，主対角線のことを指すものとする．

　対称行列 とは，正方行列であり，対角線で折り返したときに重なる成分が同じ数の行列のことである．対角線上の成分は何でもよい．たとえば，3 次正方行列 $S = \begin{pmatrix} 1 & 3 & 2 \\ 3 & 5 & -1 \\ 2 & -1 & 7 \end{pmatrix}$ は，対角線で折り返したときに重なる成分 $3, 2, -1$ が同じであるので，対称行列である．式で書くと，n 次正方行列 $A = (a_{ij})$ が **対称行列** とは，$a_{ij} = a_{ji}$ $(i = 1, 2, \ldots, n;\ j = 1, 2, \ldots, n)$ となる正方行列のことである．

13.2　行列の相等

　2 つの行列は，どういうときに等しいと見なすかを決めておかなければならない．

　$m \times n$ 行列 $A = (a_{ij})$ と $s \times t$ 行列 $B = (b_{ij})$ が等しいとは，行列のサイズが

等しく，対応する成分が等しいことであると決める．つまり，$m = s$, $n = t$ であり，$a_{ij} = b_{ij}$ $(i = 1, 2, \ldots, m;\ j = 1, 2, \ldots, n)$ である．

13.3　行列の演算

この節では，行列の演算（行列の定数倍，和，差，積）を定義する．グラフの行列の演算では，主に正方行列しか扱わないため，正方行列の演算について説明する．

(1) 行列の定数倍

t を実数とするとき，行列 A の t 倍を次のように決める．A が n 次正方行列で $A = (a_{ij})$ のとき，$tA = (ta_{ij})$．$(-1)A$ を $-A$ と書いてもよい．

例 13.1　$A = \begin{pmatrix} 1 & 3 & 2 \\ 3 & 5 & -1 \\ 2 & 4 & 7 \end{pmatrix}$ のとき，$2A$ を求めよ．

解　$2A = \begin{pmatrix} 2 & 6 & 4 \\ 6 & 10 & -2 \\ 4 & 8 & 14 \end{pmatrix}$．　□

問 13.1　$A = \begin{pmatrix} 1 & 2 & 3 \\ 4 & 5 & 6 \\ 7 & 8 & 9 \end{pmatrix}$ のとき，$-2A$ を求めよ．

(2) 行列の和，差

行列 A と行列 B の足し算，引き算は，成分ごとの足し算，引き算により定義する．すなわち，A, B が n 次正方行列で，$A = (a_{ij})$，$B = (b_{ij})$ のとき，$A + B = (a_{ij} + b_{ij})$, $A - B = (a_{ij} - b_{ij})$ と決める．

例 13.2　$A = \begin{pmatrix} 1 & 3 & 2 \\ -3 & 2 & 1 \\ -2 & 1 & 3 \end{pmatrix}$, $B = \begin{pmatrix} 3 & 3 & 0 \\ 1 & -1 & 0 \\ 1 & 0 & 3 \end{pmatrix}$ のとき，$A+B$, $A-B$ を求めよ．

解　$A + B = \begin{pmatrix} 4 & 6 & 2 \\ -2 & 1 & 1 \\ -1 & 1 & 6 \end{pmatrix}$, $A - B = \begin{pmatrix} -2 & 0 & 2 \\ -4 & 3 & 1 \\ -3 & 1 & 0 \end{pmatrix}$．　□

問 13.2　$A = \begin{pmatrix} 1 & 2 & 3 \\ 4 & 5 & 6 \\ 7 & 8 & 9 \end{pmatrix}, B = \begin{pmatrix} 9 & 8 & 7 \\ 6 & 5 & 4 \\ 3 & 2 & 1 \end{pmatrix}$ のとき，$A + B$，$A - B$ を求めよ.

注　行列の和について，交換法則 $A + B = B + A$ が成り立つ.

(3) 行列の積

行列 A と行列 B の積 AB は少し複雑で，次のように定義される. 成分ごとの掛け算ではないことに注意しておく.

A, B が n 次正方行列で，

$$A = \begin{pmatrix} a_{11} & a_{12} & \cdots\cdots & a_{1n} \\ a_{21} & a_{22} & \cdots\cdots & a_{2n} \\ \vdots & \vdots & & \vdots \\ a_{i1} & a_{i2} & \cdots\cdots & a_{in} \\ \vdots & \vdots & & \vdots \\ a_{n1} & a_{n2} & \cdots\cdots & a_{nn} \end{pmatrix}, \quad B = \begin{pmatrix} b_{11} & b_{12} & \cdots & b_{1j} & \cdots & b_{1n} \\ b_{21} & b_{22} & \cdots & b_{2j} & \cdots & b_{2n} \\ \vdots & \vdots & & \vdots & & \vdots \\ \vdots & \vdots & & \vdots & & \vdots \\ \vdots & \vdots & & \vdots & & \vdots \\ b_{n1} & b_{n2} & \cdots & b_{nj} & \cdots & b_{nn} \end{pmatrix}$$

のとき，積 $C = AB$ を次のように決める. C の (i, j) 成分を c_{ij} とおくとき，

$$c_{ij} = a_{i1}b_{1j} + a_{i2}b_{2j} + a_{i3}b_{3j} + \cdots + a_{in}b_{nj}$$

である. すなわち，C の (i, j) 成分 c_{ij} は，A の第 i 行 $(a_{i1}, a_{i2}, a_{i3}, \ldots, a_{in})$ と，B の第 j 列 $(b_{1j}, b_{2j}, b_{3j}, \ldots, b_{nj})$ を用いて，その積和を計算したものである.

例 13.3　$A = \begin{pmatrix} 1 & 3 & 2 \\ -3 & 2 & 1 \\ -2 & 1 & 3 \end{pmatrix}, B = \begin{pmatrix} 3 & 3 & 0 \\ 1 & -1 & 0 \\ 1 & 0 & 3 \end{pmatrix}$ のとき，$C = AB = (c_{ij})$，$D = BA = (d_{ij})$ を求めよ.

解　$c_{11} = 1 \times 3 + 3 \times 1 + 2 \times 1$，$c_{12} = 1 \times 3 + 3 \times (-1) + 2 \times 0, \ldots$ などと計算すると，

$$C = AB = \begin{pmatrix} 8 & 0 & 6 \\ -6 & -11 & 3 \\ -2 & -7 & 9 \end{pmatrix}, \quad D = BA = \begin{pmatrix} -6 & 15 & 9 \\ 4 & 1 & 1 \\ -5 & 6 & 11 \end{pmatrix}$$

のようになる. ☐

この例からも分かるように，行列の積は，交換法則 $AB = BA$ は一般には成り立たない．なぜなら，積 AB を計算するときは A の行と B の列を用い，積 BA を計算するときは B の行と A の列を用いるからである.

問 13.3 $A = \begin{pmatrix} 1 & 1 & 1 \\ 2 & 2 & 2 \\ 3 & 3 & 3 \end{pmatrix}, B = \begin{pmatrix} 1 & 2 & 3 \\ 1 & 2 & 3 \\ 1 & 2 & 3 \end{pmatrix}$ のとき，AB, BA を求めよ.

13.4 零行列と単位行列

(1) 零行列

成分がすべて 0 の行列を **零行列** という．サイズが $m \times n$ の零行列を $O_{m \times n}$ と書き，n 次正方行列の零行列を O_n と書く．たとえば，

$$O_{3 \times 4} = \begin{pmatrix} 0 & 0 & 0 & 0 \\ 0 & 0 & 0 & 0 \\ 0 & 0 & 0 & 0 \end{pmatrix}, \quad O_3 = \begin{pmatrix} 0 & 0 & 0 \\ 0 & 0 & 0 \\ 0 & 0 & 0 \end{pmatrix}$$

などである．サイズが文脈から明らかなときは，サイズを省略して単に O と書くこともある.

零行列は，（演算が可能な）どの行列に対しても，右から足しても左から足しても，その行列を変えない.

たとえば，

$$\begin{pmatrix} 8 & 0 & 6 \\ 6 & 1 & 3 \\ -2 & 7 & 2 \end{pmatrix} + \begin{pmatrix} 0 & 0 & 0 \\ 0 & 0 & 0 \\ 0 & 0 & 0 \end{pmatrix} = \begin{pmatrix} 8 & 0 & 6 \\ 6 & 1 & 3 \\ -2 & 7 & 2 \end{pmatrix},$$

$$\begin{pmatrix} 0 & 0 & 0 \\ 0 & 0 & 0 \\ 0 & 0 & 0 \end{pmatrix} + \begin{pmatrix} 8 & 0 & 6 \\ 6 & 1 & 3 \\ -2 & 7 & 2 \end{pmatrix} = \begin{pmatrix} 8 & 0 & 6 \\ 6 & 1 & 3 \\ -2 & 7 & 2 \end{pmatrix}$$

である．したがって，n 次正方行列の世界において，零行列は数の世界の 0 と同じ役割を担う．

問 13.4　$A = \begin{pmatrix} 4 & 3 & 2 \\ 1 & 0 & -1 \\ -2 & -3 & -4 \end{pmatrix}$ のとき，$A + O, O + A$ を求めよ．

(2) 単位行列

　正方行列で，対角線の成分がすべて 1 で，他の成分がすべて 0 の行列を **単位行列** という．n 次単位行列を E_n，または I_n と書く．

　たとえば，

$$E_1 = (1), \; E_2 = \begin{pmatrix} 1 & 0 \\ 0 & 1 \end{pmatrix}, \; E_3 = \begin{pmatrix} 1 & 0 & 0 \\ 0 & 1 & 0 \\ 0 & 0 & 1 \end{pmatrix}, \; E_4 = \begin{pmatrix} 1 & 0 & 0 & 0 \\ 0 & 1 & 0 & 0 \\ 0 & 0 & 1 & 0 \\ 0 & 0 & 0 & 1 \end{pmatrix}$$

である．サイズが文脈から明らかなときは，サイズを省略して単に E，または I と書くこともある．単位行列は常に正方行列である．

　単位行列は，（演算が可能な）どの行列に対しても，右から掛けても左から掛けても，その行列を変えない．

　たとえば，

$$\begin{pmatrix} -2 & 7 & 2 \\ 1 & -3 & 7 \\ 6 & 0 & 6 \end{pmatrix} \begin{pmatrix} 1 & 0 & 0 \\ 0 & 1 & 0 \\ 0 & 0 & 1 \end{pmatrix} = \begin{pmatrix} -2 & 7 & 2 \\ 1 & -3 & 7 \\ 6 & 0 & 6 \end{pmatrix},$$

$$\begin{pmatrix} 1 & 0 & 0 \\ 0 & 1 & 0 \\ 0 & 0 & 1 \end{pmatrix} \begin{pmatrix} -2 & 7 & 2 \\ 1 & -3 & 7 \\ 6 & 0 & 6 \end{pmatrix} = \begin{pmatrix} -2 & 7 & 2 \\ 1 & -3 & 7 \\ 6 & 0 & 6 \end{pmatrix}$$

である．したがって，n 次正方行列の世界において，単位行列は数の世界の 1 と同じ役割を担う．

問 13.5　$A = \begin{pmatrix} 4 & 3 & 2 \\ 1 & 0 & -1 \\ -2 & -3 & -4 \end{pmatrix}$ のとき，AE, EA を求めよ．

13.5　グラフの行列表示——隣接行列

　グラフを表現する行列には，主に隣接行列と接続行列がある．本節で隣接行列について，13.7 節で接続行列について説明する．

　グラフ G の位数（頂点の個数）を n とし，頂点を $v_1, v_2, \ldots, v_n$ とする．グラフ G の **隣接行列** とは次のようにして決まる n 次正方行列 $A = (a_{ij})$ のことである．

$$a_{ij} = \begin{cases} 1 & （頂点\ v_i\ と頂点\ v_j\ が隣接しているとき）, \\ 0 & （そうでないとき）. \end{cases}$$

図 13.1

　たとえば，図 13.1 のグラフ G において，G の隣接行列 A は，頂点 v_1 と頂点 v_2 が隣接しているので $a_{12} = 1$，頂点 v_1 と頂点 v_3 は隣接していないので $a_{13} = 0$ であり，以下同様に，

$$A = \begin{array}{c} \\ v_1 \\ v_2 \\ v_3 \\ v_4 \end{array} \begin{array}{c} \begin{array}{cccc} v_1 & v_2 & v_3 & v_4 \end{array} \\ \begin{pmatrix} 0 & 1 & 0 & 1 \\ 1 & 0 & 0 & 1 \\ 0 & 0 & 0 & 1 \\ 1 & 1 & 1 & 0 \end{pmatrix} \end{array}$$

と求められる．行列の外側に書かれた v_1, v_2, v_3, v_4 は，目印のために書いたも

のである．この隣接行列は，各行各列を，頂点 v_1, v_2, v_3, v_4 の順に対応させているが，頂点の順番は問わない．（ただし，頂点の行の並びと列の並びは同じにしておく．）

　たとえば，行列

$$B = \begin{array}{c} \\ v_1 \\ v_3 \\ v_2 \\ v_4 \end{array} \begin{array}{cccc} v_1 & v_3 & v_2 & v_4 \\ \begin{pmatrix} 0 & 0 & 1 & 1 \\ 0 & 0 & 0 & 1 \\ 1 & 0 & 0 & 1 \\ 1 & 1 & 1 & 0 \end{pmatrix} \end{array}$$

も，同じグラフ G の隣接行列である．

　例 13.4　図 13.2 のグラフの隣接行列 A を求めよ．

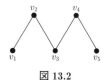

図 13.2

　解

$$A = \begin{array}{c} \\ v_1 \\ v_2 \\ v_3 \\ v_4 \\ v_5 \end{array} \begin{array}{ccccc} v_1 & v_2 & v_3 & v_4 & v_5 \\ \begin{pmatrix} 0 & 1 & 0 & 0 & 0 \\ 1 & 0 & 1 & 0 & 0 \\ 0 & 1 & 0 & 1 & 0 \\ 0 & 0 & 1 & 0 & 1 \\ 0 & 0 & 0 & 1 & 0 \end{pmatrix} \end{array}. \quad \square$$

　問 13.6　図 13.3 のグラフの隣接行列 A を求めよ．

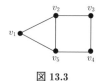

図 13.3

例 **13.5**　次の行列 A を隣接行列に持つグラフを求めよ.

$$A = \begin{array}{c} \\ v_1 \\ v_2 \\ v_3 \\ v_4 \end{array} \begin{array}{cccc} v_1 & v_2 & v_3 & v_4 \\ \begin{pmatrix} 0 & 1 & 0 & 0 \\ 1 & 0 & 1 & 1 \\ 0 & 1 & 0 & 1 \\ 0 & 1 & 1 & 0 \end{pmatrix} \end{array}.$$

解　図 13.4 参照.　□

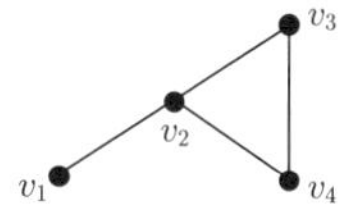

図 13.4

注　行列 A を隣接行列に持つグラフはいろいろな描き方があるが, どれも同型である.

問 **13.7**　次の行列 B を隣接行列に持つグラフ H を求めよ.

$$B = \begin{array}{c} \\ v_1 \\ v_2 \\ v_3 \\ v_4 \end{array} \begin{array}{cccc} v_1 & v_2 & v_3 & v_4 \\ \begin{pmatrix} 0 & 1 & 1 & 1 \\ 1 & 0 & 1 & 1 \\ 1 & 1 & 0 & 1 \\ 1 & 1 & 1 & 0 \end{pmatrix} \end{array}.$$

13.6　隣接行列と次数の関係

　グラフの隣接行列を調べると, そのグラフのいろいろな特徴が分かる. グラフの隣接行列が n 次行列ならグラフの位数は n であることがまず分かる. 隣接行列の各行は, その行に対応する頂点がどの頂点と隣接しているかを示している.

　図 13.1 のグラフ G の隣接行列

$$A = \begin{array}{c} \\ v_1 \\ v_2 \\ v_3 \\ v_4 \end{array} \overset{\begin{array}{cccc} v_1 & v_2 & v_3 & v_4 \end{array}}{\begin{pmatrix} 0 & 1 & 0 & 1 \\ 1 & 0 & 0 & 1 \\ 0 & 0 & 0 & 1 \\ 1 & 1 & 1 & 0 \end{pmatrix}} \begin{array}{c} 行和 \\ 2 \\ 2 \\ 1 \\ 3 \end{array}$$

の第 1 行は $(0\ 1\ 0\ 1)$ であるから，頂点 v_1 は v_2, v_4 と隣接している．隣接行列の各行の行和は，その行に対応する頂点の次数を表している．A の各行の行和は，上から 2, 2, 1, 3 であるから，v_1, v_2, v_3, v_4 の次数はそれぞれ 2, 2, 1, 3 である．それらの和は 8 であるから，グラフ G の辺は 4 本あることも分かる．（グラフ G の次数の総和は，辺の本数の 2 倍である（第 3 章定理 3.1）.）

注　行の代わりに列を考えても同様である．各列は，その列に対応する頂点がどの頂点と隣接しているかを示している．A の列和は，左から 2, 2, 1, 3 であり，これは各頂点の次数である．

例 13.6　次の隣接行列 A を持つグラフの最大次数と最小次数はいくらか．また，頂点の個数と辺の本数を求めよ．

$$A = \begin{pmatrix} 0 & 1 & 0 & 1 \\ 1 & 0 & 1 & 1 \\ 0 & 1 & 0 & 0 \\ 1 & 1 & 0 & 0 \end{pmatrix}.$$

解　行和は上から 2, 3, 1, 2 であるので，最大次数は 3，最小次数は 1 である．頂点の個数は 4，辺の本数は $8/2 = 4$ である．　□

問 13.8　次の隣接行列 B をもつグラフの最大次数と最小次数はいくらか．また，頂点の個数と辺の本数を求めよ．

$$B = \begin{pmatrix} 0 & 1 & 0 & 1 & 1 \\ 1 & 0 & 1 & 1 & 0 \\ 0 & 1 & 0 & 0 & 1 \\ 1 & 1 & 0 & 0 & 0 \\ 1 & 0 & 1 & 0 & 0 \end{pmatrix}.$$

13.7 グラフの行列表示——接続行列

グラフ G の位数を n とし，頂点を $v_1, v_2, \ldots, v_n$ とする．G の辺の本数を m とし，辺を $e_1, e_2, \ldots, e_m$ とする．グラフ G の **接続行列** とは，

$$s_{ij} = \begin{cases} 1 & (\text{頂点 } v_i \text{ と辺 } e_j \text{ が接続しているとき)}, \\ 0 & (\text{そうでないとき)}. \end{cases}$$

のような $n \times m$ 行列 $S = (s_{ij})$ のことである．

図 13.5

図 13.5 のグラフにおいて，その接続行列 S は，頂点 v_1 と辺 e_1 が接続しているので $s_{11} = 1$，頂点 v_1 と辺 e_2 が接続していないので $s_{12} = 0$ であり，以下同様に，

$$S = \begin{array}{c} \\ v_1 \\ v_2 \\ v_3 \\ v_4 \end{array} \begin{array}{ccccc} e_1 & e_2 & e_3 & e_4 & e_5 \\ \begin{pmatrix} 1 & 0 & 0 & 1 & 0 \\ 1 & 1 & 0 & 0 & 1 \\ 0 & 1 & 1 & 0 & 0 \\ 0 & 0 & 1 & 1 & 1 \end{pmatrix} \end{array}$$

と求められる．接続行列は，各行を頂点 $v_1, v_2, \ldots, v_n$ の順に，また，各列を辺 $e_1, e_2, \ldots, e_m$ の順に対応させているが，その順序は問わない．

たとえば，行列

$$S' = \begin{array}{c} \\ v_1 \\ v_3 \\ v_2 \\ v_4 \end{array} \begin{array}{cccccc} e_1 & e_2 & e_3 & e_5 & e_4 \\ \begin{pmatrix} 1 & 0 & 0 & 0 & 1 \\ 0 & 1 & 1 & 0 & 0 \\ 1 & 1 & 0 & 1 & 0 \\ 0 & 0 & 1 & 1 & 1 \end{pmatrix} \end{array}$$

も同じグラフの接続行列である.

例 13.7　図 13.6 のグラフの接続行列 S_1 を求めよ.

図 13.6

解

$$S_1 = \begin{array}{c} \\ v_1 \\ v_2 \\ v_3 \\ v_4 \end{array} \begin{array}{cccccc} e_1 & e_2 & e_3 & e_4 & e_5 \\ \begin{pmatrix} 1 & 0 & 0 & 1 & 1 \\ 1 & 1 & 0 & 0 & 0 \\ 0 & 1 & 1 & 0 & 1 \\ 0 & 0 & 1 & 1 & 0 \end{pmatrix} \end{array}. \quad □$$

問 13.9　図 13.7 のグラフの接続行列 S_2 を求めよ.

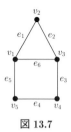

図 13.7

例 13.8　次の行列 S_3 を接続行列にもつグラフを求めよ.

$$S_3 = \begin{array}{c} \\ v_1 \\ v_2 \\ v_3 \\ v_4 \end{array} \begin{array}{cccc} e_1 & e_2 & e_3 & e_4 \\ \begin{pmatrix} 1 & 0 & 0 & 0 \\ 1 & 1 & 0 & 1 \\ 0 & 1 & 1 & 0 \\ 0 & 0 & 1 & 1 \end{pmatrix} \end{array}.$$

解 図 13.8 参照. □

図 13.8

問 13.10 行列 T を接続行列にもつグラフを求めよ.

$$T = \begin{array}{c} \\ v_1 \\ v_2 \\ v_3 \\ v_4 \end{array} \begin{array}{cccccc} e_1 & e_2 & e_3 & e_4 & e_5 & e_6 \\ \begin{pmatrix} 1 & 0 & 0 & 1 & 1 & 0 \\ 1 & 1 & 0 & 0 & 0 & 1 \\ 0 & 1 & 1 & 0 & 1 & 0 \\ 0 & 0 & 1 & 1 & 0 & 1 \end{pmatrix} \end{array}.$$

　接続行列において，各列は，辺に接続する 2 個の頂点を示している．各行は，頂点に接続する辺を示している．各列には 1 が必ず 2 個あるので，どの列についても列和は 2 である．一方，各行の行和は，その行に対応する頂点の次数を示している．

　例 13.9 問 13.10 の行列 T を接続行列にもつグラフについて，各頂点の次数を求めよ.

　解 行列 T の各行の行和は上から 3, 3, 3, 3 であるから，4 個の頂点の次数はすべて 3 である．　□

13.8　有向グラフの行列表示

　前節までは無向グラフを考えてきたが，有向グラフの場合も同様に隣接行列
と接続行列が定義できる．

(1) 有向グラフの隣接行列

　有向グラフ G の位数を n とし，頂点を $v_1, v_2, \ldots, v_n$ とする．有向グラフ G
の隣接行列は，n 次正方行列で，(i,j) 成分 a_{ij} は

$$a_{ij} = \begin{cases} 1 & (\text{頂点 } v_i \text{ から頂点 } v_j \text{ へ有向辺があるとき}), \\ 0 & (\text{そうでないとき}) \end{cases}$$

のように決める．

図 13.9

　図 13.9 の有向グラフ G について，その隣接行列 A は，頂点 v_1 から頂点 v_2
へ有向辺があるので $a_{12} = 1$，頂点 v_1 から頂点 v_3 へ有向辺がないので $a_{13} = 0$ などであり，

$$A = \begin{array}{c} \\ v_1 \\ v_2 \\ v_3 \\ v_4 \end{array} \begin{array}{c} \begin{array}{cccc} v_1 & v_2 & v_3 & v_4 \end{array} \\ \begin{pmatrix} 0 & 1 & 0 & 1 \\ 0 & 0 & 1 & 0 \\ 0 & 1 & 0 & 1 \\ 1 & 0 & 0 & 0 \end{pmatrix} \end{array}$$

となる．

　有向グラフの **隣接行列** は，グラフの隣接行列と同様，頂点の順序は問わな
い（ただし，頂点の行の並びと列での並びは同じにしておく必要がある）．上
の行列 A の行和と列和は

$$A = \begin{array}{c} \\ v_1 \\ v_2 \\ v_3 \\ v_4 \end{array} \begin{array}{cccc} v_1 & v_2 & v_3 & v_4 \end{array} \begin{array}{c} \text{行和} \\ \begin{pmatrix} 0 & 1 & 0 & 1 \\ 0 & 0 & 1 & 0 \\ 0 & 1 & 0 & 1 \\ 1 & 0 & 0 & 0 \end{pmatrix} \end{array} \begin{array}{c} 2 \\ 1 \\ 2 \\ 1 \end{array}$$

$$\text{列和} \quad 1 \quad 2 \quad 1 \quad 2$$

となる.

各行の行和は，頂点の「出次数 (outdegree)」を表している[1]. A の第 1 行の行和は 2 で，図 13.9 の v_1 の出次数である. 各列の列和は，頂点の「入次数 (indegree)」を表している. A の第 1 列の列和は 1 で，v_1 の入次数である.

例 13.10 図 13.10 の有向グラフ G の隣接行列 B を求めよ.

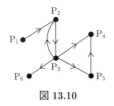

図 13.10

解

$$B = \begin{array}{c} \\ P_1 \\ P_2 \\ P_3 \\ P_4 \\ P_5 \\ P_6 \end{array} \begin{array}{cccccc} P_1 & P_2 & P_3 & P_4 & P_5 & P_6 \end{array} \\ \begin{pmatrix} 0 & 1 & 0 & 0 & 0 & 0 \\ 0 & 0 & 1 & 0 & 0 & 0 \\ 0 & 1 & 0 & 1 & 1 & 1 \\ 0 & 0 & 0 & 0 & 0 & 0 \\ 0 & 0 & 0 & 1 & 0 & 0 \\ 0 & 0 & 0 & 0 & 0 & 0 \end{pmatrix}. \quad \square$$

---

[1]第 5 章で述べたように，頂点 v から出ている有向辺の本数を出次数といい，頂点 v に入ってくる有向辺の本数を入次数といい，出次数＋入次数をその頂点の次数という.

問 13.11 図 13.11 の有向グラフの隣接行列 C を求めよ.

図 13.11

(2) 有向グラフの接続行列

有向グラフ G の位数を n とし,頂点を $v_1, v_2, \ldots, v_n$ とする.G の有向辺の本数を m とし,有向辺を $e_1, e_2, \ldots, e_m$ とする.有向グラフ G の **接続行列** とは,$n \times m$ 行列であり,(i, j) 成分 (s_{ij}) は次のように決める.

$$
s_{ij} = \begin{cases}
1 & (\text{頂点 } v_i \text{ が有向辺 } e_j \text{ の始点であるとき}), \\
-1 & (\text{頂点 } v_i \text{ が有向辺 } e_j \text{ の終点であるとき}), \\
0 & (\text{いずれでもないとき}).
\end{cases}
$$

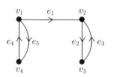

図 13.12

図 13.12 の有向グラフの接続行列 S は,頂点 v_1 が有向辺 e_1 の始点であるので $s_{11} = 1$ であり,有向辺 e_2, e_3 と接続していないので $s_{12} = 0, s_{13} = 0$ であり,有向辺 e_4 の終点であるので $s_{14} = -1$ であり,有向辺 e_5 の始点であるので $s_{15} = 1$ である.以下同様にして

$$
S = \begin{array}{c} \\ v_1 \\ v_2 \\ v_3 \\ v_4 \end{array}
\begin{array}{c} \begin{array}{ccccc} e_1 & e_2 & e_3 & e_4 & e_5 \end{array} \\
\left(\begin{array}{ccccc}
1 & 0 & 0 & -1 & 1 \\
-1 & 1 & -1 & 0 & 0 \\
0 & -1 & 1 & 0 & 0 \\
0 & 0 & 0 & 1 & -1
\end{array} \right)
\end{array}
$$

と求められる.

接続行列は，頂点も辺も順序が任意であることは無向グラフの場合と同様である．

例 13.11　図 13.13 の有向グラフの接続行列 S を求めよ．

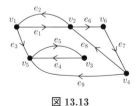

図 13.13

解

$$
S = \begin{array}{c} \\ v_1 \\ v_2 \\ v_3 \\ v_4 \\ v_5 \\ v_6 \end{array}
\begin{array}{cccccccccc}
e_1 & e_2 & e_3 & e_4 & e_5 & e_6 & e_7 & e_8 & e_9 \\
\left(\begin{array}{ccccccccc}
1 & -1 & 1 & 0 & 0 & 0 & 0 & 0 & 0 \\
-1 & 1 & 0 & 0 & 0 & 1 & 0 & -1 & 0 \\
0 & 0 & 0 & 1 & -1 & 0 & 0 & 0 & 0 \\
0 & 0 & 0 & 0 & 0 & 0 & -1 & 1 & 1 \\
0 & 0 & -1 & -1 & 1 & 0 & 0 & 0 & -1 \\
0 & 0 & 0 & 0 & 0 & -1 & 1 & 0 & 0
\end{array}\right)
\end{array} . \quad \square
$$

問 13.12　図 13.14 の有向グラフの接続行列 T を求めよ．

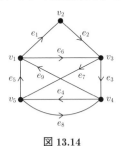

図 13.14

有向グラフの接続行列について，次が成り立つ．各列は，その列に対応する有向辺に接続する 2 個の頂点を示している（1 の頂点は始点，-1 の頂点は終点である）．各行は，その行に対応する頂点が接続する有向辺を示している（1 は始点として接続し，-1 は終点として接続している）．各行の 1 の個数は頂点の出次数，-1 の個数は頂点の入次数を示している．

13.9 多重グラフと多重有向グラフの行列表示

　前節までは，無向グラフと有向グラフの行列表現を説明した．多重グラフと多重有向グラフの隣接行列についても同様に定義する．（多重グラフと多重有向グラフの接続行列は本書で使わないため省略する．）

(1) 多重グラフの隣接行列

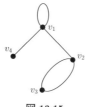

図 13.15

　図 13.15 の多重グラフの隣接行列は

$$A_1 = \begin{array}{c} \\ v_1 \\ v_2 \\ v_3 \\ v_4 \end{array} \begin{array}{cccc} v_1 & v_2 & v_3 & v_4 \end{array} \left(\begin{array}{cccc} 1 & 1 & 0 & 1 \\ 1 & 0 & 2 & 0 \\ 0 & 2 & 0 & 0 \\ 1 & 0 & 0 & 0 \end{array} \right)$$

である．

　隣接行列の (v_i, v_j) 成分には，頂点 v_i と v_j の間にある辺の本数を書く（$v_i \neq v_j$ のとき）．頂点 v_i のループについては，(v_i, v_i) 成分にループの個数を書く[2].

---

[2]リプシュッツ（成嶋弘監訳）『離散数学—コンピュータ・サイエンスの基礎数学』マグロウヒル (1984), p.108.

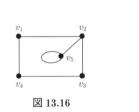

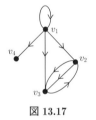

図 13.16　　　　　　　図 13.17

問 13.13　図 13.16 の多重グラフの隣接行列 A_2 を求めよ.

(2) 多重有向グラフの隣接行列

図 13.17 の多重有向グラフの隣接行列は

$$
A_3 = \begin{array}{c} \\ v_1 \\ v_2 \\ v_3 \\ v_4 \end{array}
\begin{array}{c} \begin{array}{cccc} v_1 & v_2 & v_3 & v_4 \end{array} \\
\begin{pmatrix} 1 & 1 & 1 & 1 \\ 0 & 0 & 2 & 0 \\ 0 & 1 & 0 & 0 \\ 0 & 0 & 0 & 0 \end{pmatrix} \end{array}
$$

である.

隣接行列の (v_i, v_j) 成分には, 頂点 v_i から v_j へ向かう有向辺の本数を書く ($v_i \neq v_j$ のとき). 頂点 v_i の有向ループについては, (v_i, v_i) 成分にループの個数を書く.

問 13.14　図 13.18 の多重有向グラフの隣接行列 A_4 を求めよ.

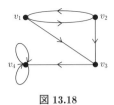

図 13.18

＊＊＊キーワード＊＊＊

□行列　　　　　　　　　□行　　　　　　　　　　□列
□m 行 n 列行列　　　□$m \times n$ 行列　　　　□正方行列
□n 次正方行列　　　　□主対角線　　　　　　　□副対角線
□対角線　　　　　　　　□対称行列　　　　　　　□零行列
□単位行列　　　　　　　□隣接行列　　　　　　　□接続行列

第 13 章の章末問題

13.1 図 13.19 のグラフの隣接行列 A_1 と接続行列 S_1 を求めよ.

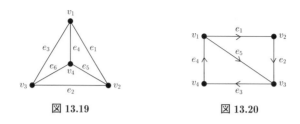

図 **13.19**　　　　　　　　　図 **13.20**

13.2 図 13.20 の有向グラフの隣接行列 A_2 と接続行列 S_2 を求めよ.

13.3 隣接行列 R を持つグラフは正則であるか. また連結であるか.

$$
R = \begin{array}{c}
 \\
v_1 \\
v_2 \\
v_3 \\
v_4 \\
v_5 \\
v_6 \\
v_7
\end{array}
\begin{array}{c}
\begin{array}{ccccccc}
v_1 & v_2 & v_3 & v_4 & v_5 & v_6 & v_7
\end{array} \\
\left(\begin{array}{ccccccc}
0 & 1 & 1 & 1 & 0 & 0 & 0 \\
1 & 0 & 1 & 1 & 0 & 0 & 0 \\
1 & 1 & 0 & 1 & 0 & 0 & 0 \\
1 & 1 & 1 & 0 & 0 & 0 & 0 \\
0 & 0 & 0 & 0 & 0 & 1 & 1 \\
0 & 0 & 0 & 0 & 1 & 0 & 1 \\
0 & 0 & 0 & 0 & 1 & 1 & 0
\end{array}\right)
\end{array}.
$$

13.4 次の隣接行列 T_1, T_2 を持つグラフを描き, そのグラフでそれぞれ漢字を作りなさい.

$$
T_1 = \begin{array}{c} \\ v_1 \\ v_2 \\ v_3 \\ v_4 \\ v_5 \\ v_6 \\ v_7 \end{array}
\begin{array}{c}
\begin{array}{ccccccc} v_1 & v_2 & v_3 & v_4 & v_5 & v_6 & v_7 \end{array} \\
\left(\begin{array}{ccccccc}
0 & 1 & 1 & 1 & 1 & 1 & 1 \\
1 & 0 & 0 & 0 & 0 & 0 & 0 \\
1 & 0 & 0 & 0 & 0 & 0 & 0 \\
1 & 0 & 0 & 0 & 0 & 0 & 0 \\
1 & 0 & 0 & 0 & 0 & 0 & 0 \\
1 & 0 & 0 & 0 & 0 & 0 & 0 \\
1 & 0 & 0 & 0 & 0 & 0 & 0
\end{array}\right)
\end{array},
$$

$$
T_2 = \begin{array}{c} \\ v_1 \\ v_2 \\ v_3 \\ v_4 \\ v_5 \\ v_6 \end{array}
\begin{array}{c}
\begin{array}{cccccc} v_1 & v_2 & v_3 & v_4 & v_5 & v_6 \end{array} \\
\left(\begin{array}{cccccc}
0 & 0 & 1 & 0 & 1 & 1 \\
0 & 0 & 0 & 0 & 1 & 1 \\
1 & 0 & 0 & 1 & 0 & 0 \\
0 & 0 & 1 & 0 & 0 & 1 \\
1 & 1 & 0 & 0 & 0 & 0 \\
1 & 1 & 0 & 1 & 0 & 0
\end{array}\right)
\end{array}.
$$

第 14 章

支配グラフ

引分けのない総当たり戦の試合結果のように，どの 2 頂点にも順序がついているグラフを支配グラフという．この章では，支配グラフには支配点が存在することを示し，支配点の求め方とチームの強さについて考えていく[1].

14.1 支配グラフ

チーム P, Q, R, S, T の総当たり戦の試合結果が表 14.1 のようであったとする．（◯は勝ち，×は負けを表す．）

表 14.1

	P	Q	R	S	T	勝ち数
P	—	◯	×	◯	◯	3
Q	×	—	◯	◯	×	2
R	◯	×	—	◯	◯	3
S	×	×	×	—	◯	1
T	×	◯	×	×	—	1

この試合結果を有向グラフで表すことができる．各チームを頂点とし，チーム P がチーム Q に勝ったとき有向辺 P → Q を書くと，試合結果を表す有向

---

[1] 本章は，ローレス，アントン（山下純一訳）『やさしい線形代数の応用』現代数学社 (1980) を参考にした．

グラフができる（図 14.1）.

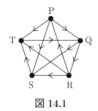

図 14.1

　この有向グラフは，どの 2 頂点間にも，どちらかの向きの有向辺が 1 本引かれている．このように，どの 2 頂点の間にも，どちらかの向きの有向辺が 1 本ずつ引かれている有向グラフを **支配グラフ** という．支配グラフは，引き分けのない総当たり戦の試合結果を表すグラフと見ることができる（図 14.2）.

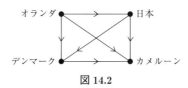

図 14.2

　支配グラフの例をいくつか挙げる.

　例 14.1　4 人の人をそれぞれ頂点で表し，X さんが Y さんより地位が上のとき，X から Y へ有向辺を引くと，有向グラフができる．どの 2 人についても上下の関係があるとき，この有向グラフは支配グラフである（図 14.3）.

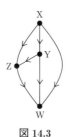

図 14.3

　例 14.2　父，母，兄，妹，犬からなる家族がある．家族の力関係が図 14.4 の有向グラフで表されているとき，この有向グラフは支配グラフである．有向辺：姉 → 弟 は，姉が弟より強いことを表している.

　例 14.3　みかん，メロン，グレープフルーツ，いちご，もも，ぶどうにつ

図 14.4

いて 1 対ずつ（2 個ずつ）比較する．果物 X が果物 Y より好きなら，有向辺：
X → Y を引く．たとえば，ぶどうがももより好きな場合，ぶどう → もも と
引く．このようにしてできるグラフは支配グラフである（図 14.5）．（「同程度
に好き」ということはないものとする．）

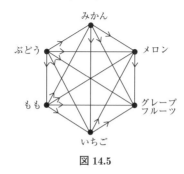

図 14.5

　支配グラフ G において，P → Q であるとき，P は Q を **支配する** という．
P が Q を支配し，Q が R を支配するとき，つまり P → Q → R であるとき，
P は R を「2 段階で支配する」という．この用語に合わせて，P が Q を支配
するとき，「1 段階で支配する」ということもある．

　また，P が Q を支配するとき，P は Q への 1 関係を持つともいう．P が Q
を 2 段階で支配するとき，P は Q への 2 関係を持つともいう．

　支配グラフ G において，自分以外のすべての頂点を 1 段階または 2 段階で
支配する頂点があるとき，その頂点を支配グラフ G の **支配点** と呼ぶ．

　図 14.4 のグラフでは，母は弟を支配しないが，2 段階では支配する．なぜ
なら，母 → 姉 → 弟 であるからである．支配するということを，言うこと
を聞かせられることと解釈すると，母は弟に直接言うことを聞かせられない
が，姉を通して弟に言うことを聞かせられる．その意味で，支配点というの
は，（自分以外の）すべての頂点に対して，高々 1 人を介して言うことを聞か

せられる頂点のことである.

　不思議なことに，どんな支配グラフにも支配点が存在する.

定理 14.1（支配点の存在定理）　支配グラフには支配点が存在する.

　証明　支配グラフを G とする. G の頂点が 3 個以下のときは，支配点が存在することはすぐ分かるから，G の頂点は 4 個以上あるとしておく.

　G において，1 関係の数と 2 関係の数の和が最大である頂点（の 1 つ）を P とする. 以下で，頂点 P が支配点であることを背理法により証明する. すなわち，頂点 P が支配点でなかったとして矛盾を導く.（背理法については第 2 章を参照のこと.）

　頂点 P が支配点でないとする. すると，頂点 P が 1 段階でも 2 段階でも支配しない頂点 Q が存在する.

　(i) 頂点 P の 1 関係を 1 つ選び，それを P → R とする. 頂点 Q と頂点 R の関係を考える.

　もし R → Q であるとすると，P → R → Q となり，P は Q を 2 段階で支配することになり，仮定に反する. よって Q → R であることが分かる（図 14.6）. すなわち，

　　　(a) P が 1 関係 P → R を持てば，Q も 1 関係 Q → R を持つことが分かった.

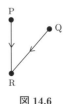

図 14.6

　(ii) 次に，P の 2 関係を P → X → T とする. そのとき，(a) より，Q も頂点 X を支配するため，Q → X → T が成り立つ（図 14.7）. すなわち，

　　　(b) P が 2 関係 P → X → T を持てば，Q も 2 関係 Q → X → T を持つことが分かった.

　(iii) P と Q を比較する. 仮定より P → Q ではないため，Q → P が成り立

図 14.7

っている（G は支配グラフより）．したがって (i), (ii) を合わせると，Q の方が P より，1 関係の数と 2 関係の数の和は大きい．このことは，その和が最大の頂点を P としたことに矛盾する．

　以上より，頂点 P は支配点であることが示された．(証明終)

系 14.1　支配グラフにおいて，1 関係の数と 2 関係の数の和が最大の頂点を P とすると，P は支配点（の 1 つ）である．

　注　支配グラフには支配点が必ず存在するが 1 個とは限らない．2 個以上存在することもある．

　図 14.4 の家族の力関係を表す支配グラフにおいて，支配点は誰だろうか．母は，父と姉と犬を 1 段階で支配し，弟を 2 段階で支配する．したがって，母は，自分以外のすべての頂点を 1 段階または 2 段階で支配するため，支配点である．（注．母以外に支配点があるかもしれないが，少なくとも母は支配点である．）

　問 14.1

(1) 図 14.3 のグラフの支配点を 1 個求めよ．

(2) 図 14.5 のグラフの支配点を 1 個求めよ．

　頂点の個数が多くなると支配点を見付けるのは大変である．そこで次節では，隣接行列を用いて支配点を求める方法を説明する．

14.2　支配点の求め方

　図 14.1 の支配グラフ G の隣接行列を A とする．

$$A = \begin{array}{c} \\ P \\ Q \\ R \\ S \\ T \end{array}\begin{array}{c} \begin{array}{ccccc} P & Q & R & S & T \end{array} \\ \left(\begin{array}{ccccc} 0 & 1 & 0 & 1 & 1 \\ 0 & 0 & 1 & 1 & 0 \\ 1 & 0 & 0 & 1 & 1 \\ 0 & 0 & 0 & 0 & 1 \\ 0 & 1 & 0 & 0 & 0 \end{array}\right) \end{array}.$$

系 14.1 より，支配点を求めるには，1 関係の数と 2 関係の数の和が最大の頂点を求めればよい．まず 1 関係の数を求め，次に 2 関係の数を求め，そしてその和を求めよう．

(1) 1 関係の数の求め方

1 関係の数は，1 段階で支配する頂点の個数のことである．それは隣接行列 A を見ると分かる．隣接行列 A の各行について，行和を求めると，

$$A = \begin{array}{c} \\ P \\ Q \\ R \\ S \\ T \end{array}\begin{array}{c} \begin{array}{ccccc} P & Q & R & S & T \end{array} \\ \left(\begin{array}{ccccc} 0 & 1 & 0 & 1 & 1 \\ 0 & 0 & 1 & 1 & 0 \\ 1 & 0 & 0 & 1 & 1 \\ 0 & 0 & 0 & 0 & 1 \\ 0 & 1 & 0 & 0 & 0 \end{array}\right) \end{array}\begin{array}{c} \text{行和} \\ 3 \\ 2 \\ 3 \\ 1 \\ 1 \end{array}$$

のようになる．行和は，各頂点が支配する頂点の個数であり，したがって各頂点の 1 関係の数である．（グラフの用語では，各頂点の出次数である．）

(2) 2 関係の数の求め方

2 関係が何個あるかは A^2 を計算すると分かる．A^2 を求めると，

$$A^2 = \begin{pmatrix} 0 & 1 & 0 & 1 & 1 \\ 0 & 0 & 1 & 1 & 0 \\ 1 & 0 & 0 & 1 & 1 \\ 0 & 0 & 0 & 0 & 1 \\ 0 & 1 & 0 & 0 & 0 \end{pmatrix} \begin{pmatrix} 0 & 1 & 0 & 1 & 1 \\ 0 & 0 & 1 & 1 & 0 \\ 1 & 0 & 0 & 1 & 1 \\ 0 & 0 & 0 & 0 & 1 \\ 0 & 1 & 0 & 0 & 0 \end{pmatrix} = \begin{pmatrix} 0 & 1 & 1 & 1 & 1 \\ 1 & 0 & 0 & 1 & 2 \\ 0 & 2 & 0 & 1 & 2 \\ 0 & 1 & 0 & 0 & 0 \\ 0 & 0 & 1 & 1 & 0 \end{pmatrix}$$

となる．この計算は，次のように行われる．たとえば，A^2 の (1,2) 成分は，

$$(0 \times 1) + (1 \times 0) + (0 \times 0) + (1 \times 0) + (1 \times 1) = 1$$

と計算される．この式の

第 1 項の (0×1) は $(P \to P \text{無}) \times (P \to Q \text{有})$,

第 2 項の (1×0) は $(P \to Q \text{有}) \times (Q \to Q \text{無})$,

第 3 項の (0×0) は $(P \to R \text{無}) \times (R \to Q \text{無})$,

第 4 項の (1×0) は $(P \to S \text{有}) \times (S \to Q \text{無})$,

第 5 項の (1×1) は $(P \to T \text{有}) \times (T \to Q \text{有})$

を表しており，合計は 1 である．この 1 は，P から Q への 2 関係の数を示している．同様に，A^2 の (1,3) 成分の 1 は，P から R への 2 関係の数を示している．他の成分についても同様である．

したがって，A^2 の行和は，各頂点が持つ 2 関係の数を表している．

$$A^2 = \begin{pmatrix} 0 & 1 & 1 & 1 & 1 \\ 1 & 0 & 0 & 1 & 2 \\ 0 & 2 & 0 & 1 & 2 \\ 0 & 1 & 0 & 0 & 0 \\ 0 & 0 & 1 & 1 & 0 \end{pmatrix} \begin{array}{c} \text{行和} \\ 4 \\ 4 \\ 5 \\ 1 \\ 2 \end{array}$$

(3) 1 関係の数と 2 関係の数の和の求め方

$B = A + A^2$ とおく．

$$B = A + A^2 = \begin{pmatrix} 0 & 1 & 0 & 1 & 1 \\ 0 & 0 & 1 & 1 & 0 \\ 1 & 0 & 0 & 1 & 1 \\ 0 & 0 & 0 & 0 & 1 \\ 0 & 1 & 0 & 0 & 0 \end{pmatrix} + \begin{pmatrix} 0 & 1 & 1 & 1 & 1 \\ 1 & 0 & 0 & 1 & 2 \\ 0 & 2 & 0 & 1 & 2 \\ 0 & 1 & 0 & 0 & 0 \\ 0 & 0 & 1 & 1 & 0 \end{pmatrix}$$

行和
$$= \begin{pmatrix} 0 & 2 & 1 & 2 & 2 \\ 1 & 0 & 1 & 2 & 2 \\ 1 & 2 & 0 & 2 & 3 \\ 0 & 1 & 0 & 0 & 1 \\ 0 & 1 & 1 & 1 & 0 \end{pmatrix} \begin{matrix} 7 \\ 6 \\ 8 \\ 2 \\ 3 \end{matrix}$$

B の各行の行和が求める和である．行和が最大の頂点は R である．したがって，頂点 R は支配点（の 1 つ）である．

例 14.4 図 14.4 の家族の支配点を隣接行列を用いて 1 つ求めよ．

解

$$A = \begin{array}{c} \\ 父 \\ 母 \\ 姉 \\ 弟 \\ 犬 \end{array} \begin{array}{ccccc} 父 & 母 & 姉 & 弟 & 犬 \\ \end{array} \begin{pmatrix} 0 & 0 & 0 & 1 & 0 \\ 1 & 0 & 1 & 0 & 1 \\ 1 & 0 & 0 & 1 & 0 \\ 0 & 1 & 0 & 0 & 1 \\ 1 & 0 & 1 & 0 & 0 \end{pmatrix}, \; A^2 = \begin{pmatrix} 0 & 1 & 0 & 0 & 1 \\ 2 & 0 & 1 & 2 & 0 \\ 0 & 1 & 0 & 1 & 1 \\ 2 & 0 & 2 & 0 & 1 \\ 1 & 0 & 0 & 2 & 0 \end{pmatrix},$$

行和
$$B = A + A^2 = \begin{pmatrix} 0 & 1 & 0 & 1 & 1 \\ 3 & 0 & 2 & 2 & 1 \\ 1 & 1 & 0 & 2 & 1 \\ 2 & 1 & 2 & 0 & 2 \\ 2 & 0 & 1 & 2 & 0 \end{pmatrix} \begin{matrix} 3 \\ 8 \\ 5 \\ 7 \\ 5 \end{matrix}$$

よって母は支配点（の 1 つ）である． □

問 14.2 図 14.3 の支配点を隣接行列を用いて 1 つ求めよ．

14.3 チームの強さ

この章の始めに掲げた図 14.1 は，5 チーム P, Q, R, S, T の（引き分けのない）総当たり戦の結果を表している．どのチームが一番強いだろうか．

チームが 1 段階で支配する頂点の数を，そのチームの **勝ち数** という．勝ち数の多い順にチームの強さを決めることにする．しかし，勝ち数が同じチームの間では，どのように強さを決めたらよいだろうか．

その場合は，2 関係の数の多い方が「強い」と決めることにしよう．強さの定義にはいろいろな考え方があるが，ここではそのように決めることにする．

ルール 14.1（「強さ」の決め方）

(1) 勝ち数の多い順に「強さ」を決める．

(2) 勝ち数が同じときは 2 関係の数を比較し，それが多い順に「強さ」を決める．

例 14.5 図 14.1 の 5 チームを強い順に並べよ．

解 隣接行列 A は

$$A = \begin{array}{cc} & \begin{array}{ccccc} \text{P} & \text{Q} & \text{R} & \text{S} & \text{T} \end{array} \quad \text{行和} \\ \begin{array}{c} \text{P} \\ \text{Q} \\ \text{R} \\ \text{S} \\ \text{T} \end{array} & \left(\begin{array}{ccccc} 0 & 1 & 0 & 1 & 1 \\ 0 & 0 & 1 & 1 & 0 \\ 1 & 0 & 0 & 1 & 1 \\ 0 & 0 & 0 & 0 & 1 \\ 0 & 1 & 0 & 0 & 0 \end{array} \right) \begin{array}{c} 3 \\ 2 \\ 3 \\ 1 \\ 1 \end{array} \end{array}$$

であり，各行の行和は 3, 2, 3, 1, 1 であるから，勝ち数の多い順に並べると，{P, R}, Q, {S, T} である．勝ち数が同じチームは括弧 { } でまとめてある．

勝ち数が同じチームがあるため，A^2 を計算する．

$$A^2 = \begin{array}{c} \\ P \\ Q \\ R \\ S \\ T \end{array} \begin{array}{c} \begin{array}{ccccc} P & Q & R & S & T \end{array} \\ \left(\begin{array}{ccccc} 0 & 1 & 1 & 1 & 1 \\ 1 & 0 & 0 & 1 & 2 \\ 0 & 2 & 0 & 1 & 2 \\ 0 & 1 & 0 & 0 & 0 \\ 0 & 0 & 1 & 1 & 0 \end{array} \right) \end{array} \begin{array}{c} 行和 \\ 4 \\ 4 \\ 5 \\ 1 \\ 2 \end{array}$$

A^2 の行和を見ると，P と R では R の方が強いことが分かる．S と T では T の方が強い．

　以上より，強い順に R, P, Q, T, S である．（この例では強い順に 1 列に並んだが，強さが同順位ということもあり得る．）　□

　問 14.3　図 14.4 の頂点を強い順に並べよ．

＊＊＊**キーワード**＊＊＊

□支配グラフ　　　　　□支配する　　　　　　　　□支配点
□支配点の存在定理　　□勝ち数

第 14 章の章末問題

14.1　図 14.8 の有向グラフは支配グラフか．支配グラフには○，支配グラフでないものには×をつけよ．

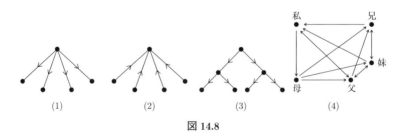

図 **14.8**

14.2　図 14.9 の有向グラフの支配点を隣接行列を用いて 1 つ求めよ．

14.3　図 14.10 において，本章の定義で強い順に並べよ．

14.4　図 14.11 は，コンピュータ将棋選手権の決勝リーグ戦（総当たり戦）の

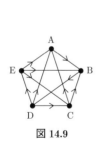

図 14.9

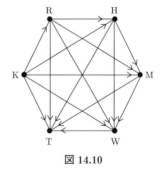

図 14.10

■第 22 回世界コンピュータ将棋選手権決勝

	G	P	ツ	P	激	習	B	Y	勝敗	順位
GPS 将棋		○	○	×	○	○	○	○	6 − 1	1
ponanza	×		×	○	○	×	○	○	4 − 3	4
ツツカナ	×	○		×	○	○	○	○	4 − 3	3
puella α	○	×	○		×	○	○	○	5 − 2	2
激指	×	×	×	○		×	○	○	3 − 4	6
習甦	×	○	×	×	○		×	○	3 − 4	5
Blunder	×	×	×	×	×	○		×	1 − 6	8
YSS	×	×	○	×	×	×	○		2 − 5	7

$$\left[\begin{array}{l}\text{同星の場合は，勝った相手の勝}\\\text{ち数の合計などで順位を決定}\end{array}\right]$$

図 14.11

勝敗表である[2].

(1) 本章の定義で強い順に並べよ.

(2) (1) において強さが同順位の 2 チームに対して順位をつけるときは，どのようにつけたらよいか. その方針ですべてのチームを強い順に並べよ.

14.5 支配グラフの例を挙げよ.

---

[2]朝日新聞（夕刊）2012 年 5 月 8 日記事.

第 15 章

有向グラフの強連結分解

　この章では，始めに有向グラフにおいて頂点から頂点へ到達できるかどうか
を判定する方法を説明し，次に強連結分解の手順を説明する．強連結分解は，
今後いろいろな分野への応用が期待される手法である．

15.1　頂点から頂点へ行く方法

　図 15.1 の有向グラフ G を考える．

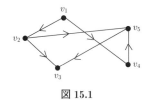

図 15.1

　G の隣接行列は

$$
A = \begin{array}{c} \\ v_1 \\ v_2 \\ v_3 \\ v_4 \\ v_5 \end{array}
\begin{array}{c} \begin{array}{ccccc} v_1 & v_2 & v_3 & v_4 & v_5 \end{array} \\
\left(\begin{array}{ccccc}
0 & 1 & 0 & 1 & 0 \\
0 & 0 & 1 & 0 & 1 \\
0 & 0 & 0 & 0 & 0 \\
0 & 0 & 0 & 0 & 1 \\
0 & 0 & 1 & 0 & 0
\end{array} \right)
\end{array}
$$

である．

　頂点 v_1 から v_3 へは有向辺がないので直接行くことはできないが，v_2 を経由すれば $v_1 \to v_2 \to v_3$ と行くことができる．このように，v_1 から v_3 へ 2 本の有向辺をたどれば行けるので，v_1 から v_3 へ「2 ステップで行ける」ということにする．また，v_4, v_5 を経由して $v_1 \to v_4 \to v_5 \to v_3$ と行くこともできるので，v_1 から v_3 へは 3 ステップでも行ける．

　有向辺があるときは「1 ステップで行ける」ということにする．たとえば，頂点 v_1 から v_2 へ有向辺があるので，頂点 v_1 から v_2 へ 1 ステップで行ける．

　ある頂点からある頂点まで行くのに，いろいろな行き方があり得る．また，どうしても行けない場合もある．

　問 15.1　図 15.1 の有向グラフ G において，頂点 v_4 から v_3 へ何ステップで行けるか．

　頂点の個数が多くなるとステップ数を求めることは大変である．しかし隣接行列を用いると簡単な計算で求めることができる．以下，その方法を説明しよう．

　図 15.1 の有向グラフ G を例にとり説明する．隣接行列は上記の A である．A^2 を計算すると，次のようになる．

$$A^2 = \begin{pmatrix} 0 & 1 & 0 & 1 & 0 \\ 0 & 0 & 1 & 0 & 1 \\ 0 & 0 & 0 & 0 & 0 \\ 0 & 0 & 0 & 0 & 1 \\ 0 & 0 & 1 & 0 & 0 \end{pmatrix} \begin{pmatrix} 0 & 1 & 0 & 1 & 0 \\ 0 & 0 & 1 & 0 & 1 \\ 0 & 0 & 0 & 0 & 0 \\ 0 & 0 & 0 & 0 & 1 \\ 0 & 0 & 1 & 0 & 0 \end{pmatrix} = \begin{pmatrix} 0 & 0 & 1 & 0 & 2 \\ 0 & 0 & 1 & 0 & 0 \\ 0 & 0 & 0 & 0 & 0 \\ 0 & 0 & 1 & 0 & 0 \\ 0 & 0 & 0 & 0 & 0 \end{pmatrix}.$$

たとえば A^2 の $(1, 3)$ 成分は 1 であるが，これは A の第 1 行と第 3 列を用いて，

$$(0 \times 0) + (1 \times 1) + (0 \times 0) + (1 \times 0) + (0 \times 1) = 1$$

と計算される．前章と同様，この式の左辺の第 1 項の 0×0 は，有向辺 $v_1 \to v_1$ はなく，$v_1 \to v_3$ もなく，したがって v_1 から v_3 へ v_1 経由で 2 ステップで行けないことを示している．第 2 項の 1×1 は，有向辺 $v_1 \to v_2$ があり，$v_2 \to v_3$ もあり，したがって v_1 から v_3 へ v_2 経由で 2 ステップで 1 通りの行き方で行けることを表している．第 3, 4, 5 項も同様に v_1 から v_3 へ，v_3 経由，v_4 経

由，v_5 経由で，それぞれ行けないことを表している．以上より，A^2 の $(1,3)$ 成分の 1 は，v_1 から v_3 へ 2 ステップで行く行き方が 1 通りであることを表している．

このように，A^2 の各成分は 2 ステップで行く行き方が何通りあるかを表している．

同様に，A^3 の各成分は 3 ステップで行く行き方が何通りあるかを示している．なぜなら，$A^3 = A^2 \times A$ であり，2 ステップで行く行き方と 1 ステップで行く行き方を組み合わせて計算しているからである．

一般に，A^k は，k ステップで行く行き方が何通りあるかを示している（k は自然数）．実際に計算すると次のようになる．

$$A^3 = \begin{pmatrix} 0 & 0 & 2 & 0 & 0 \\ 0 & 0 & 0 & 0 & 0 \\ 0 & 0 & 0 & 0 & 0 \\ 0 & 0 & 0 & 0 & 0 \\ 0 & 0 & 0 & 0 & 0 \end{pmatrix}, \; A^4 = \begin{pmatrix} 0 & 0 & 0 & 0 & 0 \\ 0 & 0 & 0 & 0 & 0 \\ 0 & 0 & 0 & 0 & 0 \\ 0 & 0 & 0 & 0 & 0 \\ 0 & 0 & 0 & 0 & 0 \end{pmatrix} = A^5.$$

何乗しても 0 である成分は，絶対に行けないことを示している．しかし，それを確かめるために，どこまでも A の累乗を計算する必要はなく，$n-1$ 乗まで 0 である成分は，その後，何乗しても 0 である．なぜなら，頂点の個数は n であるから，1 つの頂点から出発して，$n-1$ ステップまでで行けない頂点は，その後何ステップでも行けないからである．（n ステップ以上で行けるときは，途中，同じ頂点を 2 度以上通っているはずであるから，$n-1$ ステップ以下で行けるはずである．）

以上のことをまとめておく．

定理 15.1　有向グラフ G の隣接行列を A とする．A^k の (i,j) 成分は，頂点 v_i から v_j へ k ステップで行く行き方が何通りあるかを表している（k は自然数）．

　$1 \leq k \leq n-1$ であるすべての k について A^k の (i,j) 成分が 0 であるとき，頂点 v_i から v_j へは何ステップでも到達できない．

無向グラフの場合も同様であり，無向グラフの隣接行列を A とすると，A^k

は k ステップで行く行き方が何通りあるかを示している（k は自然数）.

　例 15.1　図 15.1 の有向グラフ G において，v_1 から v_5 へ 2 ステップで行く行き方は何通りあるか.

　解　A^2 の $(1,5)$ 成分は 2 であるから，2 通り.　□

　問 15.2　図 15.1 の有向グラフ G において，v_1 から v_3 へ 3 ステップで行く行き方は何通りあるか

15.2　到達可能行列

　前節と同じく図 15.1 の有向グラフ G を考える.　G の隣接行列は前節の A である.　前節で述べたように，A は 1 ステップで行く行き方が何通りあるかを示す行列である.

　どの頂点も 0 ステップですでに到達していると考えると，n 次単位行列 E と A の和である

$$D_1 = E + A$$

は，1 ステップ以下で（0 ステップも含めて）行く行き方が何通りあるかを示している.　図 15.1 の有向グラフ G の例では，

$$
\begin{aligned}
D_1 &= E + A \\
&= \begin{pmatrix} 1 & 0 & 0 & 0 & 0 \\ 0 & 1 & 0 & 0 & 0 \\ 0 & 0 & 1 & 0 & 0 \\ 0 & 0 & 0 & 1 & 0 \\ 0 & 0 & 0 & 0 & 1 \end{pmatrix} + \begin{pmatrix} 0 & 1 & 0 & 1 & 0 \\ 0 & 0 & 1 & 0 & 1 \\ 0 & 0 & 0 & 0 & 0 \\ 0 & 0 & 0 & 0 & 1 \\ 0 & 0 & 1 & 0 & 0 \end{pmatrix} \\
&= \begin{pmatrix} 1 & 1 & 0 & 1 & 0 \\ 0 & 1 & 1 & 0 & 1 \\ 0 & 0 & 1 & 0 & 0 \\ 0 & 0 & 0 & 1 & 1 \\ 0 & 0 & 1 & 0 & 1 \end{pmatrix}
\end{aligned}
$$

である.

A^2 は 2 ステップで行く行き方が何通りあるかを示す行列であるから，

$$D_2 = D_1 + A^2 \ (= E + A + A^2)$$

は，2 ステップ以下で行く行き方が何通りあるかを示している．今の例では，

$$D_2 = D_1 + A^2$$

$$= \begin{pmatrix} 1 & 1 & 0 & 1 & 0 \\ 0 & 1 & 1 & 0 & 1 \\ 0 & 0 & 1 & 0 & 0 \\ 0 & 0 & 0 & 1 & 1 \\ 0 & 0 & 1 & 0 & 1 \end{pmatrix} + \begin{pmatrix} 0 & 0 & 1 & 0 & 2 \\ 0 & 0 & 1 & 0 & 0 \\ 0 & 0 & 0 & 0 & 0 \\ 0 & 0 & 1 & 0 & 0 \\ 0 & 0 & 0 & 0 & 0 \end{pmatrix}$$

$$= \begin{pmatrix} 1 & 1 & 1 & 1 & 2 \\ 0 & 1 & 2 & 0 & 1 \\ 0 & 0 & 1 & 0 & 0 \\ 0 & 0 & 1 & 1 & 1 \\ 0 & 0 & 1 & 0 & 1 \end{pmatrix}$$

である．たとえば D_2 の (1,5) 成分は 2 であるから，頂点 v_1 から v_5 へ 2 ステップ以下で行く行き方は 2 通りあることが分かる．実際に有向グラフ G で確認してみると，$v_1 \to v_2 \to v_5$ と $v_1 \to v_4 \to v_5$ の 2 通りあることが確かめられる．また，成分が 0 の場所は，2 ステップ以下で行く行き方は 0 通りであるので，たとえば，頂点 v_2 から v_1 へ 2 ステップ以下では行けない．

2 ステップ以下で行く行き方が何通りあるかではなく，2 ステップ以下で行けるか行けないかのみに関心があることがある．そのときは，D_2 の成分が 1 以上の数は 1 に置き換え，0 のときはそのままにしておくという操作で，新しい行列 D_2' を作る．この操作を操作 X とする．

操作 X 1 以上の数は 1 に置き換え，0 のときはそのままにしておく．

そうすると，D_2' は 2 ステップ以下で行けるか行けないかを表す行列となる．図 15.1 の有向グラフ G では，

$$D_2' = \begin{pmatrix} 1 & 1 & 1 & 1 & 1 \\ 0 & 1 & 1 & 0 & 1 \\ 0 & 0 & 1 & 0 & 0 \\ 0 & 0 & 1 & 1 & 1 \\ 0 & 0 & 1 & 0 & 1 \end{pmatrix}$$

であり，D_2' の $(1,5)$ 成分は 1 であるから頂点 v_1 から v_5 へ 2 ステップ以下で行ける，ということが分かる．

同様に D_3 を

$$D_3 = D_2 + A^3$$

$$(= E + A + A^2 + A^3)$$

とおき，D_3 についても操作 X を行い新しい行列 D_3' を作ると，D_3' は 3 ステップ以下で行けるか行けないかを表す行列となる．

例 15.2　図 15.1 の有向グラフ G の D_3, D_3' を求めよ．

解

$$D_3 = \begin{pmatrix} 1 & 1 & 3 & 1 & 2 \\ 0 & 1 & 2 & 0 & 1 \\ 0 & 0 & 1 & 0 & 0 \\ 0 & 0 & 1 & 1 & 1 \\ 0 & 0 & 1 & 0 & 1 \end{pmatrix}, \ D_3' = \begin{pmatrix} 1 & 1 & 1 & 1 & 1 \\ 0 & 1 & 1 & 0 & 1 \\ 0 & 0 & 1 & 0 & 0 \\ 0 & 0 & 1 & 1 & 1 \\ 0 & 0 & 1 & 0 & 1 \end{pmatrix}. \ \Box$$

さらに D_4 を

$$D_4 = D_3 + A^4 \ (= E + A + A^2 + A^3 + A^4)$$

とおき，D_4 についても操作 X を行い新しい行列 D_4' を作ると，D_4' は 4 ステップ以下で行けるか行けないかを表す行列となる．D_4, D_4' は次のようになる．

$$D_4 = \begin{pmatrix} 1 & 1 & 3 & 1 & 2 \\ 0 & 1 & 2 & 0 & 1 \\ 0 & 0 & 1 & 0 & 0 \\ 0 & 0 & 1 & 1 & 1 \\ 0 & 0 & 1 & 0 & 1 \end{pmatrix}, \ D_4' = \begin{pmatrix} 1 & 1 & 1 & 1 & 1 \\ 0 & 1 & 1 & 0 & 1 \\ 0 & 0 & 1 & 0 & 0 \\ 0 & 0 & 1 & 1 & 1 \\ 0 & 0 & 1 & 0 & 1 \end{pmatrix}.$$

一般に有向グラフ G の位数を n として，D_{n-1} を

$$D_{n-1} = D_{n-2} + A^{n-1}$$
$$(= E + A + A^2 + A^3 + A^4 + \cdots + A^{n-1})$$

とおく．D_{n-1} について操作 X を行い新しい行列 D_{n-1}' を作ると，D_{n-1}' は $n-1$ ステップ以下で行けるかどうかを表す行列となる．

$n-1$ ステップ以下で行けない場合は，永久に行けないため（前節参照），これ以上の D_k' を求める必要はない．

このようにして得られる行列 D_{n-1}' を，有向グラフ G の **到達可能行列** (reachable matrix) と呼び R とおく．上の例では

$$R = \begin{pmatrix} 1 & 1 & 1 & 1 & 1 \\ 0 & 1 & 1 & 0 & 1 \\ 0 & 0 & 1 & 0 & 0 \\ 0 & 0 & 1 & 1 & 1 \\ 0 & 0 & 1 & 0 & 1 \end{pmatrix}$$

である．

注 到達可能行列 R を求めるには，実際には D_{n-1}' まで求める必要はなく，D_1', D_2', D_3', ... と計算していき，初めて $D_k' = D_{k+1}'$ となる k まで計算すれば十分である．なぜなら，$D_k' = D_{k+1}'$ であれば，その後も $D_{k+1}' = D_{k+2}' = \cdots$ となるからである[1]．我々の例で D_1', D_2', D_3', ... を求めると，$D_2' = D_3'$ となる．したがって $R = D_2'$ である．

---

[1] 1 ステップ増やしても行けるところが増えないときは，それ以降何ステップ増やしても行けるところは増えない．

15.3　強連結分解

　第3章で定義したように，無向グラフにおいて任意の2頂点を結ぶパス（道）があるとき，そのグラフは **連結** であるという（図15.2）．連結でないときは **非連結** であるという．非連結な無向グラフは，いくつかの連結成分に分けられる（図15.3）．

　有向グラフの場合は，どの頂点からどの頂点へも有向パスがあるとき，**強連結** であるという（図15.4）．これに対して，有向グラフを，有向辺の向きを無視し無向グラフと見なしたとき連結である場合，その有向グラフは **弱連結** であるという（図15.5）．

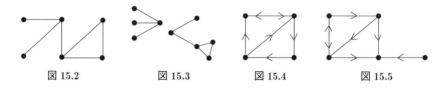

図 15.2　　　　図 15.3　　　　図 15.4　　　　図 15.5

　有向グラフの頂点集合は，いくつかの **強連結成分** に分けられる（図15.6）．

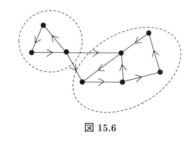

図 15.6

　強連結成分 とは，極大の強連結な部分グラフのことである．ここで **極大** とは，強連結性を保ちつつ，それ以上大きくはできないという意味である[2]．

　図15.7の有向グラフ G の強連結成分（単に **成分** ということもある）を求めてみよう．頂点2, 3, 4, 5については，どの2頂点も互いに行ける．しか

---

[2]極大と似た言葉に「最大」がある．**最大** とは，すべての中で一番大きいという意味である．たとえば，最大の強連結な部分グラフといえば，すべての強連結な部分グラフの中で一番大きいものという意味である．最大ならば極大であるが，極大なものが最大であるとは限らない．

も，これ以上大きくできないので，この 4 頂点は 1 つの成分をなす．頂点 7,
8, 9 も 1 つの成分をなし，頂点 10, 11 も 1 つの成分をなす．頂点 1 は，単独
で 1 つの成分をなし，頂点 6 もそうである．以上より，有向グラフ G の成分
は，$V_1 = \{1\}$，$V_2 = \{2, 3, 4, 5\}$，$V_3 = \{6\}$，$V_4 = \{7, 8, 9\}$，$V_5 = \{10, 11\}$ を
それぞれ頂点集合とする部分グラフ G_1，G_2，G_3，G_4，G_5 の 5 つであるこ
とが分かる（図 15.8）．

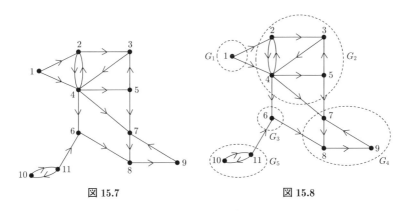

図 15.7　　　　　　　　　　図 15.8

この 5 つの成分 G_1，G_2，G_3，G_4，G_5 を頂点と見て，新たに有向グラフ G^*
を次のように作る．

G_1 から G_2 へは，元の有向グラフ G の辺が 1 本以上あるので，G_1 から G_2
へ有向辺を引く．G_2 から G_3 へも，元の有向グラフ G の辺が 1 本以上ある
ので，G_2 から G_3 へ有向辺を引く．以下同様にすると，図 15.9 の有向グラフ
G^* が得られる．

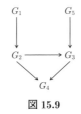

図 15.9

このようにして得られる有向グラフ G^* を，有向グラフ G の **強連結分解**
という．

有向グラフ G^* の描き方は図 15.9 のままでもよいが，少し工夫してみよう．

それは，各頂点を次のようにランク付けするものである．

どこからも矢印が入ってこない頂点をランク 1 とする．図 15.9 では G_1 と G_5 である．ランク 1 の頂点を一番上におく．ランク 1 の頂点を除いたとき，どこからも矢印が入ってこない頂点をランク 2 とする．図 15.9 では G_2 である．ランク 2 の頂点をランク 1 の頂点の下側におく．さらにランク 2 の頂点を除いたとき，どこからも矢印が入ってこない頂点をランク 3 とする．図 15.9 では G_3 である．ランク 3 の頂点をランク 2 の頂点の下側におく．さらにランク 3 の頂点を除いたとき，どこからも矢印が入ってこない頂点をランク 4 とする．図 15.9 では G_4 である．ランク 4 の頂点をランク 3 の頂点の下側におく．

以上より図 15.10 の図が得られる．有向グラフ G^* をこのように描くと，各頂点の特徴や全体の構造が読み取りやすくなる（次節の例参照）．

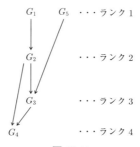

図 15.10

有向グラフの強連結分解を以下にまとめておく．

有向グラフの強連結分解　有向グラフ G の強連結成分を $G_1, G_2, \ldots, G_s$ とする．これらの強連結成分を頂点として，新しい有向グラフ G^* を次のように作る．

強連結成分 G_i から G_j へ向かう G の有向辺が 1 本でもあるとき，新しい有向グラフ G^* において，頂点 G_i から頂点 G_j へ有向辺を引く．

このようにして得られる G^* を，有向グラフ G の　**強連結分解**　という．

例 15.3　図 15.11 の有向グラフ G の強連結分解を求めよ.

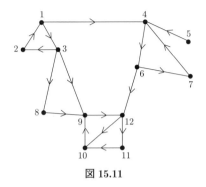

図 15.11

解　図 15.12 (1), (2).　□

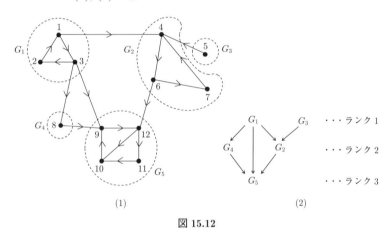

(1)　　　　　　　　　　　　　(2)

図 15.12

問 15.3　図 15.13 の有向グラフ G の強連結分解を求めよ.

問 15.4　図 15.14 の有向グラフ G の強連結分解を求めよ.

頂点の個数が少ないときは,このように,手作業により強連結分解を求め

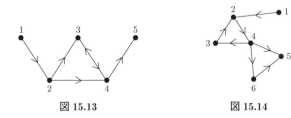

図 15.13　　　　　　　　　　図 15.14

ることができる．しかし，頂点の個数が多いときや，強連結分解を何度も求めるときは，この方法では時間がかかる．15.6 節で説明する手順にしたがうと，エクセルなどを用いて短時間で強連結分解を求めることができる．

　その説明をする前に，有向グラフの強連結分解の応用例をいくつか挙げる．

15.4　応用例 1——大学進学グラフ

　47 都道府県の高校卒業生が，どの都道府県の大学に何名進学したかが文部科学省により調査されている（文部科学省学校基本調査）．そのデータをもとに 47 都道府県を頂点とする有向グラフを作ってみよう．47 都道府県を頂点 A，B，... とする．頂点 A から B へ大学進学者が（1 人でも）いるとき，有向辺 A → B を引くことにすると，有向辺が多すぎて分かりにくい図となってしまう．そのため，ある閾値を決めて，それ以上のときに有向辺を引くことにする．ここでは 5% を閾値とする．すなわち，頂点 A の大学進学者のうちの 5% の人数が頂点 B の大学へ進学しているとき，有向辺 A → B を引く．この大学進学グラフを隣接行列で示したものが図 15.15 である．黒丸は 1 を，－は 0 を表している．

　この有向グラフの強連結分解は図 15.16 のようになる．強連結成分を，ここではグループと呼ぶことにする．主なグループを挙げると，首都圏グループ，近畿・東海グループ，中国・四国グループなどである．福岡・熊本グループは 2 つの県からなるグループである．単独で 1 つのグループをなす県もある（長崎県など）．

　各グループは 5 つのランクに分類される．ランク 1 は，他のどのグループからも高校生が流入してこないグループである．ランク 2 は，ランク 1 のグループのみから高校生が流入してくるグループである．一方，ランク 5 は，他のグループから高校生が流入してくるが，どのグループへも流出しないグループである．このように強連結分解の図を描くことで，各グループの大学進学先の状況が把握しやすくなる[3]．

---

[3] 樽松直樹他「大学進学者の都道府県間の移動分析」『経営と情報』（静岡県立大学）第 18 巻 (2006)，pp.1-12.

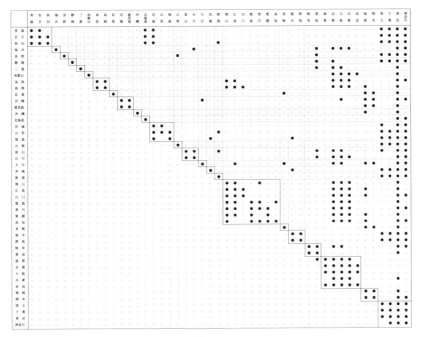

図 15.15

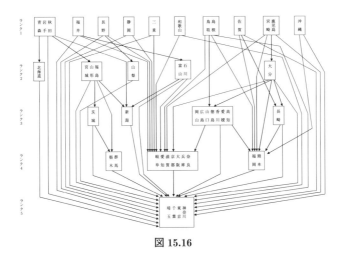

図 15.16

15.5　応用例 2——産業連関グラフ

　各産業は，通常，他の産業からものを購入して生産活動を行っている．たとえば車を製造する会社はタイヤを購入し，タイヤを製造する会社はゴムを購入し，ゴムを製造する会社は石油を購入する．逆に，タイヤやゴムや石油を製造する会社は車を購入している．また，農業では，農産物を生産するときに肥料やトラクターなどを購入している．このように，各産業は相互に網の目のようにつながりあって生産活動を行っている．

　この状況を，各産業部門を頂点とする有向グラフで表してみよう．産業 B が産業 A からものを購入するときは，A から B へものが流れている（「投入されている」という）．そのとき有向辺 A → B を引く．有向辺が多すぎると見にくくなるため，たとえば 5% などの閾値を決めておき，閾値を超えたときのみ有向辺を引くようにする．

　このようにして得られる有向グラフを **産業連関グラフ** と呼んでいる．

　産業はいくつかの部門に分類されている．分類には，大分類 (20 部門)，中分類 (99 部門)，小分類 (529 部門) などがあるが，ここでは 40 部門の以下の分類を用いる[4]．

> 1: 農業・農業サービス，2: 林業，3: 漁業，4: 鉱業・採石，5: 加工食品，6: 飲料品，7: タバコ，8: 繊維，9: その他の繊維製品，10: 衣料品，11: 皮・皮製品，12: 木材・木製品，13: パルプ・紙，14: 印刷・出版，15: 化学製品，16: 石油精製・石油製品，17: プラスティック製品，18: ゴム製品，19: セメント・セメント製品，20: ガラス・ガラス製品，21: その他非金属製品，22: 金属製品，23: 非鉄金属，24: 一般機械，25: 電気機械・機具・電気製品，26: その他電気機械・機具，27: 輸送機械，28: 精密機械・その他の工業製品，29: 電気・ガス，30: 水道，31: 建設，32: 商業，33: 運輸サービス，34: 電話・電信，35: 金融・保険，36: 不動産，37: 研究開発，38: 医療・保健，39: レストラン・ホテ

---

[4]この分類は国際比較のために作成したものである．レ・ティ・トゥット・チン「ベトナムの産業構造の研究—産業連関論によるアプローチ」静岡県立大学経営情報学研究科修士論文 (2011).

ル，40: その他私・公共サービス

この 40 部門を頂点とした産業連関グラフについて強連結分解を行った結果が
図 15.17 である[5]．多くの産業から必要とされる産業は基盤産業であると考え
られる．産業連関グラフや強連結分解について，年度による変化を見たり，国
ごとに比較したりすると，産業構造の特徴を大まかにではあるが把握すること
ができる．

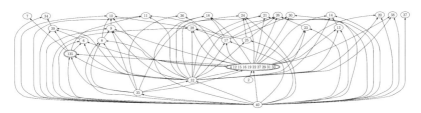

図 15.17

　その他の応用例としては以下のものが挙げられる．この他にも，いろいろな
状況で応用が可能である（章末問題 15.8）．

・持ち株グラフ
　企業を頂点で表し，企業 A が企業 B の株をある割合以上持っているとき，
有向辺 A → B を引くと有向グラフができ，企業グループや企業系列の特徴を
調べることができる．

・人口移動グラフ
　都道府県を頂点として 1 年間の人口移動を考える．人口が移動していれば
その方向に矢印を書くと，人口移動グラフができる．この場合も閾値を決めて
おく．

・アジア各国の学生の留学先グラフ
　東アジア，東南アジアの国々の間の留学先を有向グラフで表し，強連結分解
を行った結果が図 15.18 である．図を見ると，同じグループに属する国は同じ

---

[5]正確には，投入係数行列から作成している．

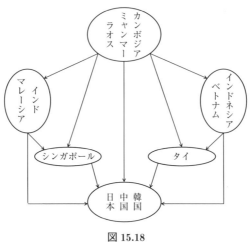

図 15.18

特徴を持つ国であることが読み取れる．

　以上のように，複雑な事象をグラフ化することで，全体の見通しがよくなったり，全体の構造や各頂点の特徴を把握しやすくなる．第1章でも述べたように，グラフ化の基準を明確にしておけば誰でも同じ結果が得られるため，恣意性を排除することができる．それが，数学的理論を現実の事象に適用することのメリットであるといえる．

15.6　強連結分解の手順

　15.3 節と同じ図 15.7 の有向グラフ G を例にして，強連結成分を求める手順を説明する[6]．有向グラフ G の隣接行列は

---

[6]本節は，吉川和広編著『土木計画学演習』森北出版 (1985) を参考にした．

$$A = \begin{array}{c} \\ 1 \\ 2 \\ 3 \\ 4 \\ 5 \\ 6 \\ 7 \\ 8 \\ 9 \\ 10 \\ 11 \end{array} \begin{pmatrix} 0 & 1 & 0 & 1 & 0 & 0 & 0 & 0 & 0 & 0 & 0 \\ 0 & 0 & 1 & 1 & 0 & 0 & 0 & 0 & 0 & 0 & 0 \\ 0 & 0 & 0 & 1 & 0 & 0 & 0 & 0 & 0 & 0 & 0 \\ 0 & 1 & 0 & 0 & 1 & 1 & 1 & 0 & 0 & 0 & 0 \\ 0 & 0 & 1 & 0 & 0 & 0 & 1 & 0 & 0 & 0 & 0 \\ 0 & 0 & 0 & 0 & 0 & 0 & 0 & 1 & 0 & 0 & 0 \\ 0 & 0 & 0 & 0 & 0 & 0 & 0 & 1 & 0 & 0 & 0 \\ 0 & 0 & 0 & 0 & 0 & 0 & 0 & 0 & 1 & 0 & 0 \\ 0 & 0 & 0 & 0 & 0 & 0 & 1 & 0 & 0 & 0 & 0 \\ 0 & 0 & 0 & 0 & 0 & 0 & 0 & 0 & 0 & 0 & 1 \\ 0 & 0 & 0 & 0 & 0 & 1 & 0 & 0 & 0 & 1 & 0 \end{pmatrix}$$

である．到達可能行列 R を前述のように求めると，

$$R = \begin{array}{c} \\ 1 \\ 2 \\ 3 \\ 4 \\ 5 \\ 6 \\ 7 \\ 8 \\ 9 \\ 10 \\ 11 \end{array} \begin{pmatrix} 1 & 1 & 1 & 1 & 1 & 1 & 1 & 1 & 1 & 0 & 0 \\ 0 & 1 & 1 & 1 & 1 & 1 & 1 & 1 & 1 & 0 & 0 \\ 0 & 1 & 1 & 1 & 1 & 1 & 1 & 1 & 1 & 0 & 0 \\ 0 & 1 & 1 & 1 & 1 & 1 & 1 & 1 & 1 & 0 & 0 \\ 0 & 1 & 1 & 1 & 1 & 1 & 1 & 1 & 1 & 0 & 0 \\ 0 & 0 & 0 & 0 & 0 & 1 & 1 & 1 & 1 & 0 & 0 \\ 0 & 0 & 0 & 0 & 0 & 0 & 1 & 1 & 1 & 0 & 0 \\ 0 & 0 & 0 & 0 & 0 & 0 & 1 & 1 & 1 & 0 & 0 \\ 0 & 0 & 0 & 0 & 0 & 0 & 1 & 1 & 1 & 0 & 0 \\ 0 & 0 & 0 & 0 & 0 & 1 & 1 & 1 & 1 & 1 & 1 \\ 0 & 0 & 0 & 0 & 0 & 1 & 1 & 1 & 1 & 1 & 1 \end{pmatrix}$$

となる．この到達可能行列 $R = (r_{ij})$ を詳しく見ていく．

　たとえば R の $(2,9)$ 成分は 1 である．これは，頂点 2 から 9 へ（いくつか
の有向辺を通って）到達可能であることを示している．一方，$(2,10)$ 成分は 0
である．これは，頂点 2 から 10 へは到達不可能であることを示している．

　各頂点 i について，次の集合を定義する $(1 \leq i \leq 11)$．

$$先行点集合 \ A(i) = \{j \mid r_{ji} = 1\},$$
$$到達点集合 \ B(i) = \{j \mid r_{ij} = 1\}.$$

$A(i)$ は，R の第 i 列を見ていき，1 である行番号を集めた集合であり，$B(i)$
は，R の第 i 行を見ていき，1 である列番号を集めた集合である．つまり，
$A(i)$ は頂点 i へ到達可能な頂点の集合であり，$B(i)$ は頂点 i から到達可能な
頂点の集合である．

　各頂点 i について，$A(i)$, $B(i)$, $A(i) \cap B(i)$ の表を作る（表 15.1）．

表 15.1

i	$A(i)$	$B(i)$	$A(i) \cap B(i)$
1	1	1,2,3,4,5,6,7,8,9	1
2	1,2,3,4,5	2,3,4,5,6,7,8,9	2,3,4,5
3	1,2,3,4,5	2,3,4,5,6,7,8,9	2,3,4,5
4	1,2,3,4,5	2,3,4,5,6,7,8,9	2,3,4,5
5	1,2,3,4,5	2,3,4,5,6,7,8,9	2,3,4,5
6	1,2,3,4,5,6,10,11	6,7,8,9	6
7	1,2,3,4,5,6,7,8,9,10,11	7,8,9	7,8,9
8	1,2,3,4,5,6,7,8,9,10,11	7,8,9	7,8,9
9	1,2,3,4,5,6,7,8,9,10,11	7,8,9	7,8,9
10	10,11	6,7,8,9,10,11	10,11
11	10,11	6,7,8,9,10,11	10,11

　表 15.1 において，$A(i) \cap B(i)$ は強連結成分を表している．今の例で強連結
成分は

$$\{1\}, \ \{2,3,4,5\}, \ \{6\}, \ \{7,8,9\}, \ \{10,11\}$$

である．

表 15.2

i	$A(i)$	$B(i)$	$A(i) \cap B(i)$
1	①	1,2,3,4,5,6,7,8,9	①
2	1,2,3,4,5	2,3,4,5,6,7,8,9	2,3,4,5
3	1,2,3,4,5	2,3,4,5,6,7,8,9	2,3,4,5
4	1,2,3,4,5	2,3,4,5,6,7,8,9	2,3,4,5
5	1,2,3,4,5	2,3,4,5,6,7,8,9	2,3,4,5
6	1,2,3,4,5,6,10,11	6,7,8,9	6
7	1,2,3,4,5,6,7,8,9,10,11	7,8,9	7,8,9
8	1,2,3,4,5,6,7,8,9,10,11	7,8,9	7,8,9
9	1,2,3,4,5,6,7,8,9,10,11	7,8,9	7,8,9
10	⑩, ⑪	6,7,8,9,10,11	⑩, ⑪
11	⑩, ⑪	6,7,8,9,10,11	⑩, ⑪

表 15.1 において，頂点 i が

$$A(i) \cap B(i) = A(i) \tag{15.1}$$

となっているとき，それは，i を含む強連結成分の点は，i に到達できる点の
みである，ということを意味している．つまり，i に到達できる点は，i の強
連結成分の点しかない，ということを意味している．したがって，i を含む強
連結成分には入ってくる点はないということである．そのような点に○をつけ
（表 15.2），ランク 1 の点とし，図の一番上に書く．今の例の場合，式 (15.1)
を満たすのは点 1, 10, 11 である．その際，強連結成分の点（10, 11）はまと
めておく（図 15.19）.

図 15.19   図 15.20

次に，ランク 1 の点を表からすべて消去し，式 (15.1) を満たす点を求める．
その点に○をつけ（表 15.3），ランク 2 の点とし（図 15.20），ランク 1 の点の

表 15.3

i	$A(i)$	$B(i)$	$A(i) \cap B(i)$
~~1~~	~~1~~	~~1,2,3,4,5,6,7,8,9~~	~~1~~
2	~~1~~, ②, ③, ④, ⑤	2,3,4,5,6,7,8,9	②, ③, ④, ⑤
3	~~1~~, ②, ③, ④, ⑤	2,3,4,5,6,7,8,9	②, ③, ④, ⑤
4	~~1~~, ②, ③, ④, ⑤	2,3,4,5,6,7,8,9	②, ③, ④, ⑤
5	~~1~~, ②, ③, ④, ⑤	2,3,4,5,6,7,8,9	②, ③, ④, ⑤
6	~~1~~,2,3,4,5,6,~~10,11~~	6,7,8,9	6
7	~~1~~,2,3,4,5,6,7,8,9,~~10,11~~	7,8,9	7,8,9
8	~~1~~,2,3,4,5,6,7,8,9,~~10,11~~	7,8,9	7,8,9
9	~~1~~,2,3,4,5,6,7,8,9,~~10,11~~	7,8,9	7,8,9
~~10~~	~~10,11~~	~~6,7,8,9,10,11~~	~~10,11~~
~~11~~	~~10,11~~	~~6,7,8,9,10,11~~	~~10,11~~

下に書く．

さらに，ランク 2 の点を表からすべて消去し，式 (15.1) を満たす点を求める．その点に○をつけ（表 15.4），ランク 3 の点とし，図のランク 2 の点の下

表 15.4

i	$A(i)$	$B(i)$	$A(i) \cap B(i)$
~~1~~	~~1~~	~~1,2,3,4,5,6,7,8,9~~	~~1~~
~~2~~	~~1,2,3,4,5~~	~~2,3,4,5,6,7,8,9~~	~~2,3,4,5~~
~~3~~	~~1,2,3,4,5~~	~~2,3,4,5,6,7,8,9~~	~~2,3,4,5~~
~~4~~	~~1,2,3,4,5~~	~~2,3,4,5,6,7,8,9~~	~~2,3,4,5~~
~~5~~	~~1,2,3,4,5~~	~~2,3,4,5,6,7,8,9~~	~~2,3,4,5~~
6	~~1,2,3,4,5~~, ⑥,~~10,11~~	6,7,8,9	⑥
7	~~1,2,3,4,5~~,6,7,8,9,~~10,11~~	7,8,9	7,8,9
8	~~1,2,3,4,5~~,6,7,8,9,~~10,11~~	7,8,9	7,8,9
9	~~1,2,3,4,5~~,6,7,8,9,~~10,11~~	7,8,9	7,8,9
~~10~~	~~10,11~~	~~6,7,8,9,10,11~~	~~10,11~~
~~11~~	~~10,11~~	~~6,7,8,9,10,11~~	~~10,11~~

に書く（図 15.21）.

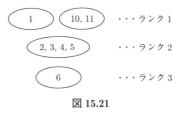

図 **15.21**

以下同様に行うと図 15.22 が得られる.

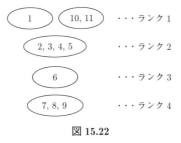

図 **15.22**

最後に，有向グラフ G の図，または隣接行列 A を見ながら有向辺を書き入れると，図 15.23 が完成する.

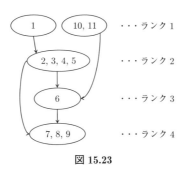

図 **15.23**

上三角ブロック行列への変換

図 15.23 のランクの順，すなわち 1, 10, 11, 2, 3, 4, 5, 6, 7, 8, 9 の順に隣接行列 A の行と列を並べ替えると，隣接行列 A' が得られる．同じランクの点の順序は問わない.

$$A' = \begin{array}{c} \\ 1 \\ 10 \\ 11 \\ 2 \\ 3 \\ 4 \\ 5 \\ 6 \\ 7 \\ 8 \\ 9 \end{array} \begin{array}{cccccccccccc} 1 & 10 & 11 & 2 & 3 & 4 & 5 & 6 & 7 & 8 & 9 \\ \left(\begin{array}{ccccccccccc} 0 & 0 & 0 & 1 & 0 & 1 & 0 & 0 & 0 & 0 & 0 \\ 0 & 0 & 1 & 0 & 0 & 0 & 0 & 0 & 0 & 0 & 0 \\ 0 & 1 & 0 & 0 & 0 & 0 & 0 & 1 & 0 & 0 & 0 \\ 0 & 0 & 0 & 0 & 1 & 1 & 0 & 0 & 0 & 0 & 0 \\ 0 & 0 & 0 & 0 & 0 & 1 & 0 & 0 & 0 & 0 & 0 \\ 0 & 0 & 0 & 1 & 0 & 0 & 1 & 1 & 0 & 0 & 0 \\ 0 & 0 & 0 & 0 & 1 & 0 & 0 & 0 & 1 & 0 & 0 \\ 0 & 0 & 0 & 0 & 0 & 0 & 0 & 0 & 0 & 1 & 0 \\ 0 & 0 & 0 & 0 & 0 & 0 & 0 & 0 & 0 & 1 & 0 \\ 0 & 0 & 0 & 0 & 0 & 0 & 0 & 0 & 0 & 0 & 1 \\ 0 & 0 & 0 & 0 & 0 & 0 & 0 & 0 & 1 & 0 & 0 \end{array}\right) \end{array}$$

行列 A' は，**上三角ブロック行列**と呼ばれる行列である．**上三角ブロック行列**とは下記の B_1 の形の行列のことであり，**下三角ブロック行列**とは B_2 の形の行列のことである．これに対して，**上三角行列**，**下三角行列**と呼ばれる行列もある．それらは，T_1，T_2 の形の行列のことである．ここで，「$*$」は任意の実数（0 も含む）である．なお，D の形の行列は**対角行列**と呼ばれる．対角行列は，上三角行列かつ下三角行列である．

$$B_1 = \begin{pmatrix} * & * & * & * & * & * & * \\ 0 & * & * & * & * & * & * \\ 0 & * & * & * & * & * & * \\ 0 & 0 & 0 & * & * & * & * \\ 0 & 0 & 0 & * & * & * & * \\ 0 & 0 & 0 & * & * & * & * \\ 0 & 0 & 0 & 0 & 0 & 0 & * \end{pmatrix}, \quad B_2 = \begin{pmatrix} * & * & 0 & 0 & 0 & 0 & 0 \\ * & * & 0 & 0 & 0 & 0 & 0 \\ * & * & * & 0 & 0 & 0 & 0 \\ * & * & * & * & * & * & 0 \\ * & * & * & * & * & * & 0 \\ * & * & * & * & * & * & 0 \\ * & * & * & * & * & * & * \end{pmatrix},$$

$$T_1 = \begin{pmatrix} * & * & * & * & * \\ 0 & * & * & * & * \\ 0 & 0 & * & * & * \\ 0 & 0 & 0 & * & * \\ 0 & 0 & 0 & 0 & * \end{pmatrix}, \ T_2 = \begin{pmatrix} * & 0 & 0 & 0 & 0 \\ * & * & 0 & 0 & 0 \\ * & * & * & 0 & 0 \\ * & * & * & * & 0 \\ * & * & * & * & * \end{pmatrix},$$

$$D = \begin{pmatrix} * & 0 & 0 & 0 & 0 \\ 0 & * & 0 & 0 & 0 \\ 0 & 0 & * & 0 & 0 \\ 0 & 0 & 0 & * & 0 \\ 0 & 0 & 0 & 0 & * \end{pmatrix}.$$

例 15.4　15.3 節の図 15.13 の有向グラフ G の強連結分解を上の手順にしたがって求めよ.

解

$$A = \begin{pmatrix} 0 & 1 & 0 & 0 & 0 \\ 0 & 0 & 1 & 1 & 0 \\ 0 & 0 & 0 & 1 & 0 \\ 0 & 0 & 1 & 0 & 1 \\ 0 & 0 & 0 & 0 & 0 \end{pmatrix}, \ A^2 = \begin{pmatrix} 0 & 0 & 1 & 1 & 0 \\ 0 & 0 & 1 & 1 & 1 \\ 0 & 0 & 1 & 0 & 1 \\ 0 & 0 & 0 & 1 & 0 \\ 0 & 0 & 0 & 0 & 0 \end{pmatrix},$$

$$A^3 = \begin{pmatrix} 0 & 0 & 1 & 1 & 1 \\ 0 & 0 & 1 & 1 & 1 \\ 0 & 0 & 0 & 1 & 0 \\ 0 & 0 & 1 & 0 & 1 \\ 0 & 0 & 0 & 0 & 0 \end{pmatrix}, \ A^4 = \begin{pmatrix} 0 & 0 & 1 & 1 & 1 \\ 0 & 0 & 1 & 1 & 1 \\ 0 & 0 & 1 & 0 & 1 \\ 0 & 0 & 0 & 1 & 0 \\ 0 & 0 & 0 & 0 & 0 \end{pmatrix},$$

$$D_2' = \begin{pmatrix} 1 & 1 & 1 & 1 & 0 \\ 0 & 1 & 1 & 1 & 1 \\ 0 & 0 & 1 & 1 & 1 \\ 0 & 0 & 1 & 1 & 1 \\ 0 & 0 & 0 & 0 & 1 \end{pmatrix}, \ D_3' = \begin{pmatrix} 1 & 1 & 1 & 1 & 1 \\ 0 & 1 & 1 & 1 & 1 \\ 0 & 0 & 1 & 1 & 1 \\ 0 & 0 & 1 & 1 & 1 \\ 0 & 0 & 0 & 0 & 1 \end{pmatrix}.$$

$D_3' = D_4'$ より $R = D_3'$. よって表 15.5, 図 15.24 を得る.　□

表 15.5

i	$A(i)$	$B(i)$	$A(i) \cap B(i)$
1	1	1,2,3,4,5	1
2	1,2	2,3,4,5	2
3	1,2,3,4	3,4,5	3,4
4	1,2,3,4	3,4,5	3,4
5	1,2,3,4,5	5	5

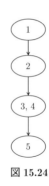

図 15.24

問 15.5　15.3 節の図 15.14 の有向グラフ G の強連結分解を上の手順にしたがって求めよ.

＊＊＊ キーワード ＊＊＊

□到達可能行列　　　　□連結　　　　　　　□非連結
□強連結　　　　　　　□弱連結　　　　　　□強連結成分
□極大　　　　　　　　□最大　　　　　　　□成分
□強連結分解　　　　　□産業連関グラフ　　□上三角ブロック行列
□下三角ブロック行列　□上三角行列　　　　□下三角行列
□対角行列

第 15 章の章末問題

15.1　図 15.25 の有向グラフは, 弱連結か, 強連結か.

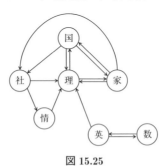

図 15.25

15.2 図 15.26 の有向グラフは，弱連結か，強連結か．

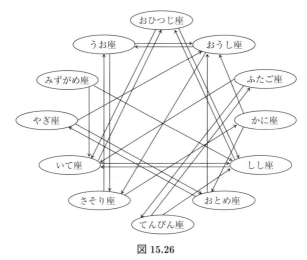

図 15.26

15.3 次の隣接行列 A によって定義される有向グラフの到達可能行列 R を求めよ．

$$A = \begin{pmatrix} 0 & 1 & 0 & 0 & 0 \\ 1 & 0 & 1 & 1 & 0 \\ 0 & 1 & 0 & 0 & 0 \\ 0 & 0 & 0 & 0 & 1 \\ 0 & 0 & 0 & 1 & 0 \end{pmatrix}$$

15.4 図 15.27 の有向グラフ G の到達可能行列 R' を求めよ．

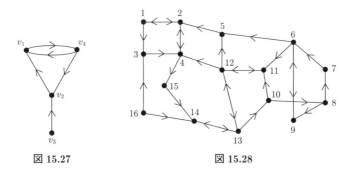

図 15.27　　　　　**図 15.28**

15.5 図 15.28 の有向グラフにおいて，有向辺 A → B は，Twitter 上で B は

A のフォロワーであることを表している．情報は有向辺に沿って伝わってい
くとき，誰が流す情報ならば全員に伝わるか．

15.6　図 15.29 の有向グラフの強連結分解を求めよ．手作業でも隣接行列によ
る計算でも，どのような方法でもよい．

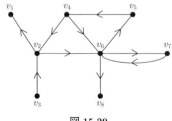

図 15.29

15.7　表 15.6 は，メンバーが 20 人いるサークルのそれぞれの人の携帯メール
アドレス把握状況を表にしたものである．サークル長 (5) から始まる最短の連
絡網を作成せよ．メールは 1 度に何人でも送信できるものとする．

15.8　有向グラフで表すことのできる例を挙げ，その有向グラフを描きなさ
い．

表 15.6

メンバー	アドレス把握状況	メンバー	アドレス把握状況
1	3, 8	11	3, 9
2	6, 19, 20	12	5
3	10	13	18, 19
4	17, 19	14	20
5 (サークル長)	2, 3, 8, 12, 16, 20	15	2, 6, 7
6	3, 12	16	7, 8
7	4, 11	17	11, 14
8	1	18	8
9	4, 5, 6, 10, 13, 16, 19, 20	19	1, 7, 9
10	17	20	9, 15

第 16 章

スモールワールドネットワーク

ネットワークという言葉は，コンピュータネットワークをはじめとして，通信ネットワーク，送電ネットワーク，交通ネットワーク，人的ネットワーク，販売ネットワークなど，今や日常生活においても欠かせない重要なキーワードとなっている．この章では，現在，研究が急速に進展しているスモールワールドネットワークについて学ぶ．

16.1　スモールワールド

「スモールワールド」とは「小さな世界」という意味である．初めて会った人と話をしているうちに共通の知合いがいてびっくりすることがある．そのようなときに「世間は狭いですね」という話になる．

　世界中の人々のつながり方はどのようになっているのだろうか．世界中の人を頂点で表し，知合いの2点を辺で結ぶと，巨大な無向グラフができる．この巨大な無向グラフは，どのような形のグラフなのだろうか．どのような性質や構造を持つグラフなのだろうか．

　社会心理学者のミルグラムは，「世界中の人の中から任意に2人を選んだとき，その2人は何人の知人を介してつながっているか」という問題を解くために実験を企画した[1]．

---

[1] ミルグラムの論文（Stanley Milgram, The Small World Problem, *Psychology Today*, Vol.1, May 1967, pp.60-67）と，その翻訳（ミルグラム（野沢慎司・大岡栄美訳）「小さな世界問題」，野沢慎司編・監訳『リーディングス　ネットワーク論―家族・コミュニティ・社会関係資本』所収，勁草書

　無作為（ランダム）に選ばれた 2 人を A さんと Z さんとしよう．A さんから始めて Z さんまで何人の知人を介してたどりつけるかを確かめる実験である．A さんを起点人物，Z さんを目標人物と呼ぶことにする．2 系統の実験が次のような方法で行われた．

　第 1 の実験は，目標人物はボストンに住む人（1 人）であり，起点人物はネブラスカ州に住む人（百数十人）である．第 2 の実験は，目標人物はやはりボストンに住む別の人（1 人）であり，起点人物はカンザス州に住む人（百数十人）である．どちらの実験でも，

- ・起点人物に，目標人物の名前と一定の個人情報（住所は除く）が与えられた．
- ・起点人物に，目標人物に早くたどりつけそうな知人 1 人に，予め与えられた手紙を送るよう伝えられた．
- ・手紙には，目標人物に早くたどりつけそうな知人 1 人にその手紙を送るように，という指示が書かれてあった．

　起点人物から一体何人の媒介者を経ると目標人物に届くだろうか．実験の結果，目標人物に届いたものを調べてみると，媒介者の人数は少ないもので 2 人，多いもので 10 人，中央値は 5 人であり，平均すると 5.43 人であった[2]．

　コーネル大学の大学院生だったワッツが指導教授のストロガッツとともに蟋蟀（こおろぎ）の同期現象[3]の研究を行っていたとき，それに関連して映画俳優の共演グラフについて調べた．映画俳優の共演グラフとは，映画俳優を頂点として，共演したことのある 2 人を辺で結んでできるグラフのことである．このグラフにおいて，任意の 2 人が何本の辺を通してつながっているかを調べたところ，意外に少ない本数でつながっていることが分かった．ワッツらは，線虫（せんちゅう）（体長約 1 mm）の神経ネットワーク（神経回路網）と，アメリカ西部の送電網のグラフについても同様のことを調べた．その結果，これら 3 つのグラフは共通の性質を持つことを発見した．この結果を「コレクティブ・ダイナミック

房（2006），pp.97-117）を参考にした．ただし翻訳に掲載されているグラフには間違いがある．

[2] 目標人物に届かなかったものも相当数あった．ミルグラムの論文によると，ネブラスカからスタートした百数十本の手紙のうちの 73% 位は届かなかった．それらは，どうしても届かないのか，媒介者が協力しなかったため届かなかったのか，理由は不明である．

[3] 同期現象とは，ホタルの集団発光やカエルの鳴き声のように，全体が自然に揃ってしまう現象のこと．

ス・オブ・スモールワールド・ネットワーク」という論文で発表した．ワッツらは，この論文で

　　・映画俳優の共演グラフ

　　・線虫の神経回路網のグラフ

　　・送電網グラフ

の3つのグラフは次の特徴を持っていると述べている．

　1. 頂点の数に対して辺の数が少ない．

　2. 2頂点間の距離の平均値は，意外と小さい．

　3. 小さなクラスターがたくさんある．

ここで，クラスターとは，「固まり」という意味であり，仲良しグループのように，そのグループ内では多くの人が知合いであるグループを意味している．たとえば，親戚，学校のクラス，村の人々などは，その中ではほとんど知合いであるから，クラスターを形成しているといえる．

　図 16.1[4](1) は格子グラフ，(3) はランダムグラフである．どちらも 20 人の人がいて，どの人にも大体 4 人の知合いがいる．**格子グラフ** とは，どの人も両隣りの人，および 1 人おきの人と知合いであるような規則的なグラフのことである．一方，**ランダムグラフ** とは，知合いがランダムに決められているグラフのことである．

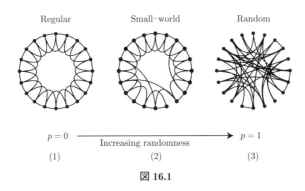

図 16.1

[4]D. Watts, S. Strogatz, Collective dynamics of small-world networks, *Nature* 393 (1998), pp.440-442.

16.2　グラフ G_p の作り方

ワッツらの提唱したモデルは，次のようにして作られるグラフである．格子グラフから出発する．確率 p を 1 つ決める．格子グラフのすべての頂点について次のことを行う．

頂点 v と接続している各辺を，確率 p で選択する．（確率 p が小さければ選択しない可能性が高い．）選択した辺について，もう一方の端点（v でない方の端点）を別の頂点へつなぎ替える（図 16.2）．

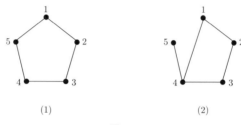

(1)　　　　　　　　　(2)

図 16.2

つなぎ替える先の頂点はランダムに選ぶ．（「ランダムに選ぶ」とは，サイコロ，くじ，乱数表などを用いて，どの頂点も等しい確率で選ぶ選び方のことである．）辺をつなぎ替えることを **リワイアリング**（または，つなぎ替え）と呼ぶ．

このように，格子グラフから各辺について確率 p でリワイアリングを行ってできるグラフを G_p と書く．確率 p をいろいろな値に変えると，いろいろな形のグラフ G_p ができる．（確率 p の値が同じでも，いろいろなグラフ G_p ができる．）

確率 p を，$p = 0, 0.0001, 0.01, 0.1, 0.2, \ldots, 1$ と，0 から少しずつ増やしていき，それぞれの p について G_p を作る．

$p = 0$ のときは，リワイアリングをしないので，格子グラフ（図 16.1 (1)）のままである．$p = 1$ のときは，すべての辺をランダムにリワイアリングするため，ランダムグラフ (3) となる．p が小さいときは，(2) のようなグラフ G_p が得られる．

次節で，p を 0 から 1 まで動かしたときのグラフ G_p について，その性質を

調べる.

16.3　固有パス長 L_p とクラスタ係数 C_p

(1) 固有パス長 L_p (characteristic path length)

　一般にグラフにおいて，2頂点 u, v を結ぶ最短パス (shortest path) の長さを，その2頂点間の **距離** といい，$d(u, v)$ と書く．すべての2頂点間の距離の平均を，そのグラフの **固有パス長** といい，L と書く[5]．

　前節で説明したように，確率 p を決めると，いろいろな可能性はあるが1つのグラフ G_p が得られる．そのグラフの固有パス長を L_p と書く．実験によると，p を大きくすると L_p は減少していく．格子グラフ ($p = 0$) の L_0 の値を1としたときの L_p の大きさ（すなわち L_p/L_0）は，実験によると図 16.3 のようになる．p が大きくなるにつれ L_p が減少していく様子が分かる．（注.図 16.3 はワッツらの論文中の図であり，$L(p)$ 等は本文の L_p 等のことである．また，横軸は対数目盛りである．）

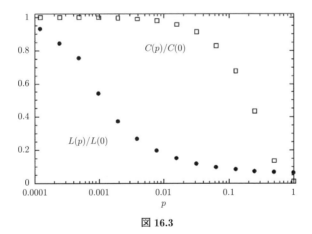

図 16.3

---

[5] ワッツらは論文では，グラフの固有パス長をこのように定義しているが，ワッツの著書（ワッツ著，栗原聡，福田健介，佐藤進也訳『スモールワールド—ネットワークの構造とダイナミクス』東京電機大学出版局 (2006)）では別の定義をしている．頂点 v とすべての頂点との距離の平均を d_v とおく．すべての v にわたる d_v の中央値（メディアン）を，そのグラフの固有パス長と定義している．

例 16.1　図 16.4 のグラフの固有パス長 L を求めよ.

図 16.4

解　$d(1,2) = 1, d(1,3) = 2, d(1,4) = 3, d(1,5) = 3, d(2,3) = 1, d(2,4) = 2, d(2,5) = 2, d(3,4) = 1, d(3,5) = 1, d(4,5) = 2$ の平均は 1.8. よって $L = 1.8$.　□

問 16.1　図 16.5 のグラフの固有パス長 L を求めよ.

図 16.5

(2) クラスタ係数 C_p

一般のグラフについて考える. 頂点 v の次数を d とおく. そのとき, 頂点 v と隣接している頂点は d 個である (図 16.6).

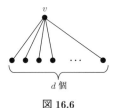

図 16.6

その d 個の頂点の間に, 辺は最大で何本あり得るだろうか. それは, d 個から 2 個選ぶ選び方の数であるから ${}_dC_2 = d(d-1)/2$ 本である. 実際にはその何割あるかを考える. 実際に辺が k 本あったとすると, その割合は $C_v = k/(d(d-1)/2)$ である. C_v を頂点 v の **クラスタ度** という[6]. すなわち頂点 v

---

[6]クラスタとは, 房, 集団という意味である.

のクラスタ度とは，v の知合いが互いに知合いである割合である[7].

　頂点 v のクラスタ度 C_v が 1 であるとは，頂点 v に隣接するすべての頂点間に辺があることを意味している．自分の知合いは全員が知合い同士ということである．

　すべての頂点についてクラスタ度を計算し，その平均を C と書く．それを，そのグラフの **クラスタ係数** と呼ぶ．

　クラスタ係数 C が 1 に近いほど，そのグラフはクラスタ性が強いといえる．図 16.1 (1) の格子グラフ G_0 のクラスタ係数は 0.5 である．G_p のクラスタ係数を C_p と書く．実験によると，p が大きくなるにしたがい，図 16.3 のように C_p/C_0 はだんだん小さくなる．

　例 16.2　格子グラフ図 16.1 (1) のクラスタ係数 C は 0.5 であることを確かめよ．

　解　頂点 v の知合いは 4 人いて，図 16.7 の関係になっている．4 人の間に辺は最大で 6 本あり得るが，そのうち 3 本が実際にある．よって頂点 v のクラスタ度 C_v は $3/6 = 0.5$ である．どの頂点についても同じであるから平均も 0.5 であり，クラスタ係数は 0.5 である．　□

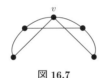

図 16.7

　例 16.3　図 16.8 のグラフのクラスタ係数を求めよ．

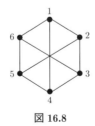

図 16.8

---

[7]ワッツらは論文では，d 個の頂点と頂点 v とを合わせた $d+1$ 個の頂点を対象にクラスタ度を定義している．ここではワッツの前述の著書における定義を採用した．

解　図の頂点 1 に隣接する頂点は 2, 4, 6 である．頂点 2, 4, 6 の間に辺はないため，頂点 1 のクラスタ度は 0 である．どの頂点についても同じであるから，グラフのクラスタ係数は 0 である．　□

問 16.2　図 16.9 のグラフのクラスタ係数を求めよ．

図 16.9

(3) 固有パス長 L_p とクラスタ係数 C_p

固有パス長 L_p もクラスタ係数 C_p も，p が大きくなるにしたがい，だんだん小さくなるが，小さくなり方が異なる．図 16.3 によると，L_p は $p = 0.001$ 付近で急激に下がるが，C_p は下がらない．C_p は 0.1 付近で急激に下がる．

$p = 0.001$ のときは，格子グラフをほんの少しリワイアリングをしたグラフである．そのグラフにおいては，クラスタ係数 C_p は大きいままで，平均距離 L_p は小さい．ワッツらは世界の人々の知合い関係を表すグラフとしてこのようなグラフを **スモールワールドネットワーク** (SWN) と名付けて提示した．ワッツらのモデルは，「なぜ世間はこんなに狭いのか」という疑問をよく説明するモデルとして広く知られるようになった．

以上を表 16.1 にまとめておく．

表 16.1　スモールワールドネットワーク (SWN) の特徴

	格子グラフ $p = 0$	SWN $p = $ 小	ランダムグラフ $p = 1$
クラスター性	強い	強い	弱い
2 頂点間の平均距離	大きい	小さい	小さい

16.4　映画俳優の共演グラフ

　映画俳優の共演グラフとは，映画俳優を頂点とし，共演した 2 人を辺で結んだグラフのことである．俳優の名前 2 人を入力すると，その 2 人の距離が得られる Web サイトがある（https://oracleofbacon.org/）．映画俳優ケビン・ベーコンとの距離を，俳優のベーコンナンバーという．つまり，ベーコンと共演した俳優はベーコンナンバー 1 である．ベーコンと共演したことはないがベーコンナンバー 1 の俳優と共演した俳優はベーコンナンバー 2 である．ベーコンと共演したこともなくベーコンナンバー 1 の俳優と共演したこともないがベーコンナンバー 2 の俳優と共演した俳優はベーコンナンバー 3 である．

　上記の Web サイトで試してみると，吉永小百合のベーコンナンバーは 3，渥美清も 3，深津絵里も 3 である．このように，ベーコンと日本の俳優の距離は意外と近いことが分かる．映画俳優の共演グラフは，クラスター性を保ちつつ，2 頂点の平均距離は小さいという特徴がある．

　上記の Web サイトで，日本の俳優同士の距離も分かる．たとえば，北野武と吉永小百合の距離は 2 である．それは，北野武と大杉漣は「アキレスと亀」で共演し，大杉漣と吉永小百合は「まぼろしの邪馬台国」で共演しているからであるということも上記の Web サイトから分かる．

　本章で述べたモデルは，スモールワールドネットワークと呼ばれ，つながりがまばらな（疎な）ネットワークに一般的に見られるモデルであり，自然界や社会において多く見られるモデルである．辺は少ないが，各 2 頂点は意外に短い距離でつながっている．感染や情報の伝達が驚くほど速いのは，人々がこのようなつながり方をしているからではないかと考えられている．これらのネットワークの構造を解明するための研究が現在注目されており，ワッツらのモデルの改良版も提案されている．

　なお，「グラフ」と「ネットワーク」の用語の使い分けは，はっきり決まっているわけではないが，グラフに機能を考えたとき，ネットワークということが多い．グラフの辺に距離や時間や費用などの数値が付随していることが現実には多く，その場合はグラフでなくネットワークと呼ばれる．

16.5　クリーク

　クリークとは，派閥や仲良しグループという意味である．図 16.10 は 8 人の人間関係を表すグラフである．辺は知合いを表している．この中に完全グラフ K_4 が含まれている．この 4 人（1, 2, 6, 8）は全員が知合いの関係である．

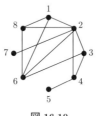

図 16.10

　一般にグラフ G に完全グラフ K_l があり，それが，それ以上大きな完全グラフに含まれていないとき，K_l はグラフ G の **クリーク** と呼ばれる[8]．クリークの大きさを明示したいときは，大きさ l のクリークという．クリーク K_l の l は 3 以上の整数とする．（K_2 のことを大きさ 2 のクリークとはいわないこととする．）

　例 16.4　図 16.10 のグラフのクリークを求めよ．

　解　クリークは 3 個ある．{1,2,6,8}，{2,3,6}，{2,3,4} を頂点集合とする部分グラフがクリークである．　□

　問 16.3　図 16.11 のグラフのクリークを求めよ．

16.6　ま　と　め

　本章は，世界中の人々の知合いのネットワークはどのようなグラフだろうか，という問いから始まった．そのグラフは，頂点の個数（世界の人口）は約 70 億であるのに対して，辺はわずかしか引かれていないというグラフである．

---

[8] 一般に，その近辺で最大なことを極大という．つまり「ローカルな最大」のことである．この用語を用いると，グラフ G のクリークとは，グラフ G に含まれる極大な完全グラフのことである．

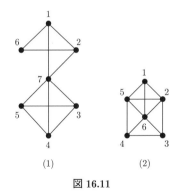

(1)　　　　　　(2)

図 16.11

なぜなら，1 人の人から引かれている辺の本数はわずか数百程度であるからである．

　しかし，ミルグラムの実験で示唆されたように，頂点間の距離は意外に小さい，つまりスモールワールドである．それはリワイアリングの辺があるからであると考えられる．

　経営学では，リワイアリングの辺を持つ人の重要性が論じられている．中国の温州の人はリワイアリングの辺を持つ人が多いことが知られており，温州地方の地縁・血縁の強さと合わせて，温州のめざましい経済成長の要因の 1 つであるといわれている[9]．

　最近，異業種交流会が盛んに開かれているが，その会の目的はリワイアリングの辺を持つことであるといえよう．

＊＊＊ **キーワード** ＊＊＊

□格子グラフ　　　　□ランダムグラフ　　　　　□リワイアリング
□距離　　　　　　　□固有パス長　　　　　　　□クラスタ度
□クラスタ係数　　　□スモールワールドネットワーク　□クリーク

[9]西口敏宏『ネットワーク思考のすすめ—ネットセントリック時代の組織戦略』東洋経済新報社 (2009)，西口敏宏「非日常のネットワーク—中国浙江省・温州急発展のカギ」日本経済新聞，2004 年 4 月 21 日．

第16章の章末問題

16.1 Webサイトを利用して，次の2人の距離を求めよ．

(1) 松たか子とチャップリン

(2) レオナルド・デカプリオと小雪

(3) 木村拓哉とイライジャ・ウッド

16.2 各自で映画俳優を2人選び，その2人の距離を求めよ．

16.3 図16.12のグラフの固有パス長を求めよ．

16.4 図16.12のグラフのクラスタ係数を求めよ．

16.5 図16.12のグラフのクリークの個数を求めよ．

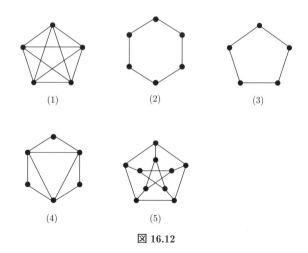

図 16.12

参考文献

　本書はグラフ理論の入口に当たる内容を取り上げました．その先には，幾何学的グラフ理論，代数的グラフ理論，解析的グラフ理論，組合せ論的グラフ理論，そして，ネットワークやアルゴリズムなどの豊かな世界が広がっています．本書をきっかけとして，それらに興味を持っていただければ幸いです．

　以下は本書の執筆に際して主に参考にさせていただいた本です．ここに記して感謝いたします．

[1] 榎本彦衛『グラフ学入門』日本評論社 (1988)

[2] リプシュッツ（成嶋弘監訳）『離散数学—コンピュータ・サイエンスの基礎数学』マグロウヒル (1984)

[3] ローレス，アントン（山下純一訳）『やさしい線形代数の応用』現代数学社 (1980)

[4] ウィルソン（西関隆夫，西関裕子訳）『グラフ理論入門』近代科学社 (2001)

[5] 織田 進，佐藤淳郎『グラフ理論の基礎・基本』(理工系数学の基礎・基本⑪) 牧野書店 (2010)

[6] リウ（伊理正夫，伊理由美訳）『組合せ数学入門 II』（共立全書）共立出版 (1972)

[7] F. Harary, *Graph Theory*, Addison-Wesley (1972)

[8] G. Chartrand, *Introductory Graph Theory*, Dover Publications (1977)

問 の 解

第 2 章

問 2.1 どの部屋も 4 人以下しか入っていないとすると，全部で 16 人以下となる．したがって 5 人以上入っている部屋は必ずある．

第 3 章

問 3.1 $V = \{v_1, v_2, v_3, v_4, v_5\}$, $E = \{\{v_1, v_3\}, \{v_3, v_5\}, \{v_5, v_2\}, \{v_2, v_4\}, \{v_4, v_1\}\}$.

問 3.2 図 A3.1

問 3.3 $\deg v_1 = \deg v_2 = \deg v_3 = \deg v_4 = \deg v_5 = 2$.

問 3.4 頂点の次数の総和 $= 14$，グラフの辺の本数 $= 7$.

問 3.5 (1)（例）図 A3.2 (2) なし (3) なし (4)（例）図 A3.3 (5) なし

問 3.6 (1) 略 (2) 略 (3) 略 (4) 6 $((v_1, v_2, v_3, v_4),\ (v_1, v_2, v_7, v_5, v_4),\ (v_1, v_2, v_7, v_6, v_5, v_4),\ (v_1, v_7, v_5, v_4),\ (v_1, v_7, v_6, v_5, v_4),\ (v_1, v_7, v_2, v_3, v_4))$ (5) 6 (6) 7

問 3.7 $d(v_1, v_2) = 1$, $d(v_1, v_3) = 2$, $d(v_1, v_4) = 1$, $d(v_1, v_5) = 2$.

問 3.8 (1) 4 (2) 3 (3) 2 (4) 3

問 3.9 (1) 2 (2) 4

問 3.10 v_3, v_4, v_5 の 3 個

問 3.11 3 個

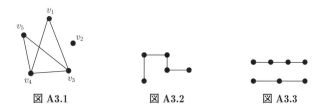

図 A3.1   図 A3.2   図 A3.3

第 4 章

問 4.1 (1) 木 (2) 木でない．(3) 木

問 4.2 二部グラフである．（頂点集合を $\{1,3,5,7,9\}$, $\{2,4,6,8\}$ と分けられる．）

問 **4.3** 略（多数あるため.）

問 **4.4** 略（第 3 章の系 3.2 を使う.）

問 **4.5** (1) 同型 (2) 同型 (3) 同型 (4) 同型でない.
（ヒント：3 サイクルがあるかどうか.）

問 **4.6** 図 A4.1

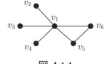

図 **A4.1**

第 5 章

問 **5.1** (1) 強連結であり弱連結でもある. (2) 弱連結

第 6 章

問 **6.1** (1), (3), (4), (5)

問 **6.2** (1) 二部グラフ (2) 二部グラフでない.

問 **6.3** 二部グラフ

問 **6.4** (1) 二部グラフでない. (2) 二部グラフでない.
(3) 二部グラフでない. (4) 二部グラフ. (5) 二部グラフでない.

問 **6.5** A−2, B−3, C−4, D−1, E−5

問 **6.6** 歪む（図 A6.1）

問 **6.7** 5 本

図 **A6.1**

第 7 章

問 **7.1** (1) 木 (2) 木でない. (3) 木

問 **7.2** (1) 同型 (2) 同型

問 **7.3** (1) 木は林である. (2) 林は木とは限らない.

問 **7.4** 図 A7.1 より 6 個ある.

問 **7.5** (1) 5 本 (2) 6 本

問 **7.6** 例：3 サイクルが 2 個からなるグラフなど.

問 **7.7** (1) 略 (2) e (3) 2 (4) 4

問 **7.8** 例：図 A7.2 やマインドマップなど.

問 **7.9** (1) $\times - ab - cd$ (2) $(a + b) \times (c + d)$

問 **7.10** 3 個，図 A7.3

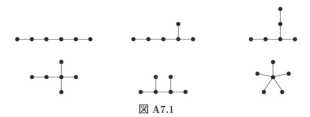

図 **A7.1**

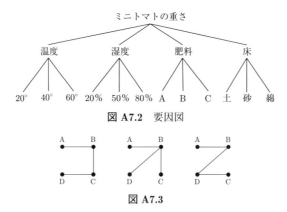

図 A7.2　要因図

図 A7.3

第8章

問 8.1 (1) オイラーグラフでない．(2) オイラーグラフでない．(3) オイラーグラフ
問 8.2 (1) ハミルトングラフ (2) ハミルトングラフ (3) ハミルトングラフ
問 8.3 図 A8.1

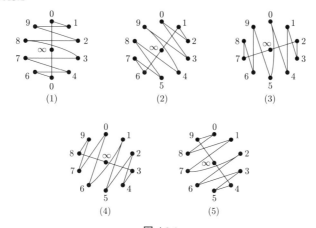

図 A8.1

問 8.4 図 A8.2

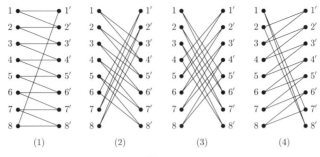

図 A8.2

問 8.5（例）

(1) $\infty - 0$,　$1 - 8$,　$2 - 7$,　$3 - 6$,　$4 - 5$

(2) $\infty - 1$,　$2 - 0$,　$3 - 8$,　$4 - 7$,　$5 - 6$

(3) $\infty - 2$,　$3 - 1$,　$4 - 0$,　$5 - 8$,　$6 - 7$

(4) $\infty - 3$,　$4 - 2$,　$5 - 1$,　$6 - 0$,　$7 - 8$

(5) $\infty - 4$,　$5 - 3$,　$6 - 2$,　$7 - 1$,　$8 - 0$

(6) $\infty - 5$,　$6 - 4$,　$7 - 3$,　$8 - 2$,　$0 - 1$

(7) $\infty - 6$,　$7 - 5$,　$8 - 4$,　$0 - 3$,　$1 - 2$

(8) $\infty - 7$,　$8 - 6$,　$0 - 5$,　$1 - 4$,　$2 - 3$

(9) $\infty - 8$,　$0 - 7$,　$1 - 6$,　$2 - 5$,　$3 - 4$

問 8.6（例）

(1) 0（休）,　$1 - 8$,　$2 - 7$,　$3 - 6$,　$4 - 5$

(2) 1（休）,　$2 - 0$,　$3 - 8$,　$4 - 7$,　$5 - 6$

(3) 2（休）,　$3 - 1$,　$4 - 0$,　$5 - 8$,　$6 - 7$

(4) 3（休）,　$4 - 2$,　$5 - 1$,　$6 - 0$,　$7 - 8$

(5) 4（休）,　$5 - 3$,　$6 - 2$,　$7 - 1$,　$8 - 0$

(6) 5（休）,　$6 - 4$,　$7 - 3$,　$8 - 2$,　$0 - 1$

(7) 6（休）,　$7 - 5$,　$8 - 4$,　$0 - 3$,　$1 - 2$

(8) 7（休）,　$8 - 6$,　$0 - 5$,　$1 - 4$,　$2 - 3$

(9) 8（休）,　$0 - 7$,　$1 - 6$,　$2 - 5$,　$3 - 4$

第 9 章

問 9.1 (1) 2 (2) 2 (3) 4 (4) 2

問 9.2 3

問 9.3 (1) 2 (2) 3 (3) 4 (4) 3 (5) 3

問 9.4 (1) 2 彩色可能　(2) 2 彩色可能　(3) 2 彩色可能でない.　(4) 2 彩色可能でない.

問 9.5 $\chi(G) = 3$, $\Delta(G) = 4$

問 9.6 たとえば完全グラフ K_5

第 10 章

問 10.1 (1) 平面的グラフ (2) 平面的グラフ (3) 平面的グラフ (4) 平面的グラフ

問 10.2 (1) 同相 (2) 同相

問 10.3 縮約

問 10.4 (1) 平面的グラフでない. (2) 平面的グラフである.

第 11 章

問 11.1 $p = 7$, $q = 10$, $r = 5$ より式 (11.1) が成り立つ.

問 11.2 系 11.1 からは言えない ($p = 6$, $q = 9$).

問 11.3 系 11.1 からは言えない ($p = 8$, $q = 16$).

問 11.4 系 11.1 から言える ($p = 10$, $q = 25$).

問 11.5 系 11.3 から言える (すべての頂点の次数が 6 であるから).

第 12 章

問 12.1 4 色

問 12.2 図 A12.1

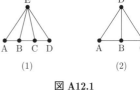

(1)　　　(2)

図 **A12.1**

第 13 章

問 13.1 $\begin{pmatrix} -2 & -4 & -6 \\ -8 & -10 & -12 \\ -14 & -16 & -18 \end{pmatrix}$

問 13.2 $A + B = \begin{pmatrix} 10 & 10 & 10 \\ 10 & 10 & 10 \\ 10 & 10 & 10 \end{pmatrix}$, $A - B = \begin{pmatrix} -8 & -6 & -4 \\ -2 & 0 & 2 \\ 4 & 6 & 8 \end{pmatrix}$

問 13.3 $AB = \begin{pmatrix} 3 & 6 & 9 \\ 6 & 12 & 18 \\ 9 & 18 & 27 \end{pmatrix}$, $BA = \begin{pmatrix} 14 & 14 & 14 \\ 14 & 14 & 14 \\ 14 & 14 & 14 \end{pmatrix}$

問 13.4 $A + O = O + A = \begin{pmatrix} 4 & 3 & 2 \\ 1 & 0 & -1 \\ -2 & -3 & -4 \end{pmatrix}$

問 13.5 $AE = EA = \begin{pmatrix} 4 & 3 & 2 \\ 1 & 0 & -1 \\ -2 & -3 & -4 \end{pmatrix}$

問 13.6

$$A = \begin{array}{c} \\ v_1 \\ v_2 \\ v_3 \\ v_4 \\ v_5 \end{array} \begin{array}{ccccc} v_1 & v_2 & v_3 & v_4 & v_5 \\ \begin{pmatrix} 0 & 1 & 0 & 0 & 1 \\ 1 & 0 & 1 & 0 & 1 \\ 0 & 1 & 0 & 1 & 0 \\ 0 & 0 & 1 & 0 & 1 \\ 1 & 1 & 0 & 1 & 0 \end{pmatrix} \end{array}$$

問 13.7 図 A13.1

問 13.8 最大次数 3, 最小次数 2, 頂点の個数 5, 辺の本数 6.

図 **A13.1**

問 13.9

$$
S_2 = \begin{array}{c} \\ v_1 \\ v_2 \\ v_3 \\ v_4 \\ v_5 \end{array}
\begin{array}{cccccc}
e_1 & e_2 & e_3 & e_4 & e_5 & e_6 \\
\left(\begin{array}{cccccc}
1 & 0 & 0 & 0 & 1 & 1 \\
1 & 1 & 0 & 0 & 0 & 0 \\
0 & 1 & 1 & 0 & 0 & 1 \\
0 & 0 & 1 & 1 & 0 & 0 \\
0 & 0 & 0 & 1 & 1 & 0
\end{array}\right)
\end{array}
$$

問 13.10 図 A13.2

図 **A13.2**

問 13.11

$$
C = \begin{array}{c} \\ A \\ B \\ C \\ D \\ E \end{array}
\begin{array}{ccccc}
A & B & C & D & E \\
\left(\begin{array}{ccccc}
0 & 0 & 1 & 1 & 0 \\
1 & 0 & 0 & 0 & 0 \\
0 & 1 & 0 & 0 & 0 \\
0 & 0 & 1 & 0 & 1 \\
1 & 1 & 0 & 0 & 0
\end{array}\right)
\end{array}
$$

問 13.12

$$
T = \begin{array}{c} \\ v_1 \\ v_2 \\ v_3 \\ v_4 \\ v_5 \end{array}
\begin{array}{ccccccccc}
e_1 & e_2 & e_3 & e_4 & e_5 & e_6 & e_7 & e_8 & e_9 \\
\left(\begin{array}{ccccccccc}
1 & 0 & 0 & 0 & -1 & 1 & 0 & 0 & -1 \\
-1 & 1 & 0 & 0 & 0 & 0 & 0 & 0 & 0 \\
0 & -1 & 1 & 0 & 0 & -1 & 1 & 0 & 0 \\
0 & 0 & -1 & 1 & 0 & 0 & 0 & -1 & 1 \\
0 & 0 & 0 & -1 & 1 & 0 & -1 & 1 & 0
\end{array}\right)
\end{array}
$$

問 13.13

$$
A_2 = \begin{array}{c} \\ v_1 \\ v_2 \\ v_3 \\ v_4 \\ v_5 \end{array}
\begin{array}{ccccc} v_1 & v_2 & v_3 & v_4 & v_5 \\
\left(\begin{array}{ccccc}
0 & 1 & 0 & 1 & 0 \\
1 & 0 & 1 & 0 & 1 \\
0 & 1 & 0 & 1 & 0 \\
1 & 0 & 1 & 0 & 0 \\
0 & 1 & 0 & 0 & 1
\end{array}\right) \end{array}
$$

問 13.14

$$
A_4 = \begin{array}{c} \\ v_1 \\ v_2 \\ v_3 \\ v_4 \end{array}
\begin{array}{cccc} v_1 & v_2 & v_3 & v_4 \\
\left(\begin{array}{cccc}
0 & 1 & 1 & 0 \\
1 & 0 & 1 & 0 \\
0 & 0 & 0 & 1 \\
0 & 0 & 0 & 2
\end{array}\right) \end{array}
$$

第14章
問 14.1 (1) X (2) もも
問 14.2 X
問 14.3 母—弟—{ 姉, 犬 }—父

第15章
問 15.1 2 ステップ
問 15.2 2 通り
問 15.3 図 A15.1
問 15.4 図 A15.2

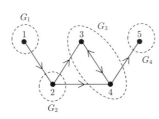

図 A15.1

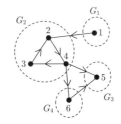

図 A15.2

問 15.5

$$A = \begin{pmatrix} 0 & 1 & 0 & 0 & 0 & 0 \\ 0 & 0 & 0 & 1 & 0 & 0 \\ 0 & 1 & 0 & 0 & 0 & 0 \\ 0 & 0 & 1 & 0 & 1 & 1 \\ 0 & 0 & 0 & 0 & 0 & 0 \\ 0 & 0 & 0 & 0 & 1 & 0 \end{pmatrix}, \; D_3' = D_4' \; \text{より} \; R = D_3' = \begin{pmatrix} 1 & 1 & 1 & 1 & 1 & 1 \\ 0 & 1 & 1 & 1 & 1 & 1 \\ 0 & 1 & 1 & 1 & 1 & 1 \\ 0 & 1 & 1 & 1 & 1 & 1 \\ 0 & 0 & 0 & 0 & 1 & 0 \\ 0 & 0 & 0 & 0 & 1 & 1 \end{pmatrix}.$$

よって表 15.901 と図 A15.3 を得る.

表 15.901

i	$A(i)$	$B(i)$	$A(i) \cap B(i)$
1	1	1,2,3,4,5,6	1
2	1,2,3,4	2,3,4,5,6	2,3,4
3	1,2,3,4	2,3,4,5,6	2,3,4
4	1,2,3,4	2,3,4,5,6	2,3,4,
5	1,2,3,4,5,6	5	5
6	1,2,3,4,6	5,6	6

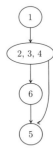

図 A15.3

第 16 章

問 16.1 $d(1,2) = 1, d(1,3) = 1, d(1,4) = 1, d(2,3) = 1, d(2,4) = 2, d(3,4) = 2$ の平均は $4/3$. よって $L = 4/3$.

問 16.2 $2/3$

問 16.3 (1) クリークは 3 個ある. $\{1,2,6\}, \{1,2,7\}, \{3,4,5,7\}$ を頂点集合とする部分グラフがクリークである. (2) クリークは 4 個ある. $\{1,2,5,6\}, \{2,3,6\}, \{3,4,6\},$ $\{4,5,6\}$ を頂点集合とする部分グラフがクリークである.

章末問題解答

第2章

2.1 略

2.2 略

2.3 (1) 5枚 (2) 9枚

2.4 いる．髪の毛が0本の人の箱，1本の人の箱，…，10万本の人の箱を考え，14万人の人を，それぞれの髪の毛の本数の箱に入れていくと，どこかの箱には2人以上入るはずである．

2.5 (1) 図B2.1 (2) 土地を2m×2mの小正方形9個に分割する．小正方形の対角線の長さは$2\sqrt{2} = 2.8\cdots$であり，3mより小さい．10本の木が植えられたとすると，どれかの小正方形に2本以上の木が植えられている．木の間隔が3m未満となり，矛盾である．よって，10本の木は植えられない．

図 B2.1

第3章

3.1 略

3.2 山

3.3 $\deg A = 6, \deg B = 1, \deg C = 4, \deg D = 3, \deg E = 0$.

3.4 なし（頂点が4個のグラフにおける次数は，高々3であるため．）

3.5 (1) 人を頂点で表し，握手をした2人を辺で結ぶとグラフができる．各頂点の次数は，その人が握手をした回数を表している．次数の総和は，全員の握手の回数の総和のことであり，系3.1より，それは偶数である．

(2) (i) 次数が0の頂点が2個以上あるとき，すでに結論は言えている．(ii) 次数が0の頂点が1個のみあるとき，残りの頂点は$n-1$個であるから，次数が$n-1$の頂点はない．したがって，n個の頂点の次数は$0, 1, 2, \cdots, n-2$のいずれかである．鳩の巣原

理により，次数が同じ頂点がある．(iii) 次数が 0 の頂点がないとき，n 個の頂点の次数は $1, 2, \cdots, n-1$ のいずれかである．鳩の巣原理により，次数が同じ頂点がある．(i)，(ii)，(iii) により，常に次数が同じ頂点があることが示された．

3.6 (1) 1 (2) 2

3.7 (1) 1 (2) 2 (3) 0

3.8 略

第 4 章

4.1 $n(n-1)/2$

4.2 略

4.3 同型でない（4 サイクルがあるかどうか）．

4.4 (1) 同型 (2) 非同型 (3) 非同型 (4) 同型

4.5 (1) ○ (2) ○ (3) ○ (4) ○ (5) ○ (6) ○ (7) × (8) ○ (9) ○ (10) ○

4.6 頂点 x から y への最短パスと y から z への最短パスをつなぐと，長さは $d(x, y) + d(y, z)$ となるが，これが x から z への最短パスかどうかは分からない．x から z へもっと短いパスがあるかもしれない．したがって $d(x, y) + d(y, z)$ は，x から z への最短パスの長さ $d(x, z)$ より大きいか等しい．よって問題文の不等式が成り立つ．

第 5 章

5.1 (1) ア，ウ (2) エ (3) ア，イ

5.2 $\text{indeg}\, F = 4$, $\text{outdeg}\, F = 1$, $\deg F = 5$.

5.3 $d(A, E) = 3$.

5.4 (1) 強連結であり弱連結でもある．(2) 弱連結

第 6 章

6.1 (1) 二部グラフ　(2) 二部グラフ

6.2 (1) ○ (2) ○

6.3 (1) × (2) × (3) ○ (4) ○ (5) × (6) ○ (7) ○ (8) ×

6.4 $m + n$, mn

6.5 ポテトサラダと肉じゃが，にんじんとじゃがいも

6.6 略

6.7 歪まない．

6.8 歪まない．

6.9 14 本

6.10 (3) がよい．対応する二部グラフを書くと，どの辺が 1 本なくなってもまだ連結であるからである．

6.11 A 人事部，B 事業部，C 営業部，D 総務部，E 経理部，F 企画部（解は一通り）

6.12 {A,1,D,4}, {B,3,F,6}, {C,2,E,5}（解は一通り）

第 7 章

7.1 (1) ○ (2) × (3) × (4) ○ (5) × (6) ○ (7) × (8) ×

7.2 (1) ○ (2) × (3) × (4) × (5) ○ (6) ×

7.3 (1) ○ (2) ○ (3) ○ (4) ○

7.4 3 本

7.5 5 個（図は略）

7.6 (1) 15, 4 (2) $2^{n+1} - 1$, $n + 1$

7.7 「ペン」の深さは 2.

7.8 (1) 同型でない（次数 3 の頂点に注目する）．(2) 左と中央の 2 個のみ同型（次数 3 の頂点に注目する）．

7.9 (1) 3 (2) 6

7.10 (1) $- \times + abc \div + def$ (2) $((a + b) \div c + d) \times (e + f)$

第 8 章

8.1 (1) オイラーグラフ (2) オイラーグラフ

8.2 (1) ハミルトングラフでない (2) ハミルトングラフ (3) ハミルトングラフ (4) ハミルトングラフ (5) ハミルトングラフ (6) ハミルトングラフ

8.3 （例）　　　　　　　　第 1 節　　A − B,　C − D
　　　　　　　　　　　　　　第 2 節　　A − C,　D − B
　　　　　　　　　　　　　　第 3 節　　A − D,　B − C

8.4 （例）　　　　　　第 1 節　　A (休),　B − E,　C − D
　　　　　　　　　　　　第 2 節　　B (休),　C − A,　D − E
　　　　　　　　　　　　第 3 節　　C (休),　D − B,　E − A
　　　　　　　　　　　　第 4 節　　D (休),　E − C,　A − B
　　　　　　　　　　　　第 5 節　　E (休),　A − D,　B − C

8.5 チームを頂点とし，メンバーが重なっていないチーム同士を辺で結ぶ．図 B8.1 から解は，A − C − B − E − D である．逆順でもよい．

8.6 A − C − F − B − D − G − E − A（戻る）

8.7 本部 − H − E − F − G − D − C − B − A − J − I − K − L − 本部（戻る）

図 B8.1

第 9 章

9.1 (1) 2 (2) n (3) 2 (4) 2 (5) n が奇数のとき 3, n が偶数のとき 2 (6) 2 (7) 2

9.2 (1) 4 (2) 3 (3) 3 (4) 3 (5) 3 (6) 3 (7) 3

9.3 3 時限，教室は 3 つ．

9.4 5 時間

9.5 組める．たとえば月曜の午前：A,D, 午後：B,H, 火曜の午前：C,F, 午後：E,G.

第 10 章

10.1 (1) ◯ (2) ◯ (3) ◯ (4) ◯ (5) ◯ (6) ◯ (7) × (8) ×（K_5 に縮約可能より）

10.2 (2) を除き同型（図 B10.1 参照）．((2) は 3 サイクルがある．)

10.3 すべて同型（図 B10.2 参照）．

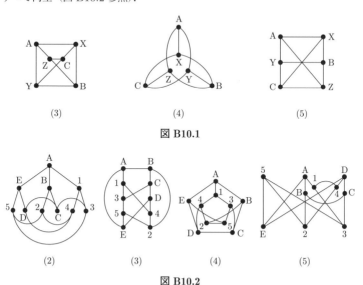

図 B10.1

図 B10.2

第 11 章

11.1 (1) 2 (2) 3

11.2 (1) 2 (2) 3

11.3 表 B11.1

表 B11.1

	p	q	r	$p - q + r$
正 4 面体	4	6	4	2
正 6 面体	8	12	6	2
正 8 面体	6	12	8	2
正 12 面体	20	30	12	2
正 20 面体	12	30	20	2

第 12 章

12.1 2 色

12.2 注. 工夫すれば 4 色で塗ることもできる.

12.3 図 B12.1

12.4 図 B12.2

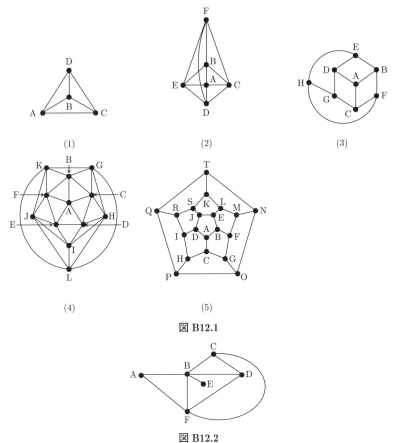

図 **B12.1**

図 **B12.2**

第 13 章

13.1

$$A_1 = \begin{array}{c} \\ v_1 \\ v_2 \\ v_3 \\ v_4 \end{array} \begin{array}{cccc} v_1 & v_2 & v_3 & v_4 \\ \begin{pmatrix} 0 & 1 & 1 & 1 \\ 1 & 0 & 1 & 1 \\ 1 & 1 & 0 & 1 \\ 1 & 1 & 1 & 0 \end{pmatrix} \end{array}, \quad S_1 = \begin{array}{c} \\ v_1 \\ v_2 \\ v_3 \\ v_4 \end{array} \begin{array}{cccccc} e_1 & e_2 & e_3 & e_4 & e_5 & e_6 \\ \begin{pmatrix} 1 & 0 & 1 & 1 & 0 & 0 \\ 1 & 1 & 0 & 0 & 1 & 0 \\ 0 & 1 & 1 & 0 & 0 & 1 \\ 0 & 0 & 0 & 1 & 1 & 1 \end{pmatrix} \end{array}$$

13.2

$$
A_2 = \begin{array}{c} \\ v_1 \\ v_2 \\ v_3 \\ v_4 \end{array}
\begin{array}{cccc} v_1 & v_2 & v_3 & v_4 \\ \left(\begin{array}{cccc} 0 & 1 & 1 & 0 \\ 0 & 0 & 1 & 0 \\ 0 & 0 & 0 & 1 \\ 1 & 0 & 0 & 0 \end{array}\right) \end{array}, \quad
S_2 = \begin{array}{c} \\ v_1 \\ v_2 \\ v_3 \\ v_4 \end{array}
\begin{array}{ccccc} e_1 & e_2 & e_3 & e_4 & e_5 \\ \left(\begin{array}{ccccc} 1 & 0 & 0 & -1 & 1 \\ -1 & 1 & 0 & 0 & 0 \\ 0 & -1 & 1 & 0 & -1 \\ 0 & 0 & -1 & 1 & 0 \end{array}\right) \end{array}
$$

13.3 正則でなく，連結でもない．

13.4 木，日

第14章

14.1 (1) × (2) × (3) × (4) ×

14.2 D

14.3 K − R − H − M − W − T

14.4 (1) GPS 将棋 − Puella α − {ponanza，ツツカナ} − 習甦 − 激指 − YSS − Blunder
(2) 同順位の2チームに順位をつけるときは，たとえば，その2チームの勝負で決める．GPS 将棋 − Puella α − ツツカナ − ponanza − 習甦 − 激指 − YSS − Blunder

14.5 略

第15章

15.1 弱連結

15.2 弱連結でも強連結でもない．

15.3 $R = \begin{pmatrix} 1 & 1 & 1 & 1 & 1 \\ 1 & 1 & 1 & 1 & 1 \\ 1 & 1 & 1 & 1 & 1 \\ 0 & 0 & 0 & 1 & 1 \\ 0 & 0 & 0 & 1 & 1 \end{pmatrix}$

15.4 $R' = \begin{pmatrix} 1 & 1 & 0 & 1 \\ 1 & 1 & 0 & 1 \\ 1 & 1 & 1 & 1 \\ 1 & 1 & 0 & 1 \end{pmatrix}$

15.5 16

15.6〜15.8 略

第16章

16.1 (1) 4 (2) 2 (3) 2

16.2 略

16.3 (1) 1 (2) 9/5 (3) 3/2 (4) 7/5 (5) 5/3

16.4 (1) 1 (2) 0 (3) 0 (4) 3/4 (5) 0

16.5 (1) 1 (2) 0 (3) 0 (4) 4 (5) 0

索　引

著者紹介

小林　みどり（こばやし　みどり）

1974 年　お茶の水女子大学理学部数学科卒業
1977 年　お茶の水女子大学大学院理学研究科修士課程修了
1980 年　東京都立大学大学院理学研究科博士課程単位取得
　　　　　長崎大学経済学部講師，静岡県立大学教授を経て，
現　　在　静岡県立大学名誉教授
主要著書　文科系のための応用数学入門（単著，共立出版, 2021），大学必修
　　　　　情報リテラシ（共著，共立出版, 2009）

※本書は 2013 年 4 月に㈲牧野書店から刊行されましたが，共立出版㈱が継承し発行するものです.

よくわかる！グラフ理論入門
An Introduction to Graph Theory

2021 年 5 月 10 日　初版 1 刷発行
2023 年 9 月 1 日　初版 3 刷発行

検印廃止
NDC 415.7

ISBN 978-4-320-11449-4

著　者　小林みどり　ⓒ 2021

発行者　南條光章

発行所　**共立出版株式会社**

〒112-0006
東京都文京区小日向 4-6-19
電話番号　03-3947-2511（代表）
振替口座　00110-2-57035
www.kyoritsu-pub.co.jp

印　刷　大日本法令印刷
製　本

一般社団法人
自然科学書協会
会員

Printed in Japan